小家的
110种改造法
不浪费 $1m^3$ 的
空间升级指南

[美]罗伯塔·桑德伯格 著

杨婷婷 译

U0246105

中信出版集团|北京

图书在版编目（CIP）数据

小家的 110 种改造法 : 不浪费 1m³ 的空间升级指南 / （美）罗伯塔·桑德伯格著 ; 杨婷婷译 . -- 北京 : 中信出版社 , 2021.4

书名原文 : Small Space Living: Expert Tips and Techniques on Using Closets, Corners, and Every Other Space in Your Home

ISBN 978-7-5217-1950-5

I. ①小… Ⅱ . ①罗… ②杨… Ⅲ . ①住宅－室内装饰设计 Ⅳ . ① TU241

中国版本图书馆 CIP 数据核字 (2020) 第 101832 号

小家的110种改造法：不浪费1m³的空间升级指南

著　　者：[美]罗伯塔·桑德伯格
译　　者：杨婷婷
出版发行：中信出版集团股份有限公司
　　　　　（北京市朝阳区惠新东街甲4号富盛大厦2座　邮编　100029）
承　印　者：北京利丰雅高长城印刷有限公司

开　　本：787mm×1092mm　1/16　　　印　　张：13.75
字　　数：190千字
版　　次：2021年4月第1版　　　　　印　　次：2021年4月第1次印刷
京权图字：01-2019-7330
书　　号：ISBN 978-7-5217-1950-5
定　　价：79.00元

3 分隔的空间：
将空间一分为二

4 废空间改造：
家随着人生状态改变

5

叠加的魔术：

别忘了上面的风景

6

墙壁空间：

好好利用，大有可为

7

地面空间：
不仅仅用来走路

8

窗户空间：
不仅仅用来看风景

9

天花板空间：

不仅仅只是房间的顶

10

闲置空间：

等待你的发现

11

装镜子的空间：
小户型的最佳伙伴

12

多用途家具：
一个顶两个

序言

11岁那年，我们家准备搬进新房子那会儿，我得到了设计自己卧室的机会。我把书、玩具和衣服量了个遍，每个物件儿都得分毫不差地放进我的新卧室。从此以后，我就开始了我的小空间生活设计生涯。无论是童年时代的卧室、狭小的大学寝室，还是我现在居住的单间公寓，我总喜欢精心打造小巧而舒适的"小窝"。

20多岁的时候，我和我丈夫——一位建筑师，住在格林尼治村的一所公寓里，虽然只有一间小卧室，但我们充分利用了7.4平方米左右的每个角落。我们在墙上打造了浅柜和壁橱，甚至在一个壁橱里为我们新出生的宝宝安排了居住空间，还在厨房里放置了我们的画板。

当我们决定开露营车环游欧洲时，我们改造了一辆大众牌厢式货车，车的尾部放置了折叠厨房，一排座椅可以拉出来变成双人床，前排座椅下方的箱子用来放置我们4岁女儿的睡袋。在近两年的时间里，我们仨在7.4平方米左右的小货车里幸福地生活，我们给它取名"美人黛西"。

30多岁的时候，我成了寡妇，居住在南非。我把一座茅草屋顶的小房子分隔成两间小屋，一间自住，另一间用来出租以赚取额外收入。后来，我把车库也改造成了一间小屋。尽管并非必须如此，我还是选择住在这些小空间里。我和女儿住在一间约65平方米的小屋里，而它坐落在我们约44 515平方米的广阔庄园里！

50多岁的时候，我在南非开普敦改造了一座海滩小公寓。一开始，给它增加了一幅窗帘分隔出第二间卧室，之后，又延伸创造出第三间卧室和第二个浴室。这一切都是在约98平方米的空间中完成的。

最终，我搬回纽约，很幸运地找到一间可以一分为二的公寓，这样我就付得起房租了。现在，我住在位于曼哈顿中心地带的单间公寓里，这里的每一寸空间都价格不菲，因此在小空间里生活是很有必要的。不过，即便没有这样的情况，我也十分珍惜小公寓的每一寸空间，不想要更大的地方。

在这本书里，我会讲述我设计过和居住过的所有空间的故事，同时，我会为你们 —— 我的读者，提供适合你们房子的改造灵感。

我的设计方法

这些年来，无论是为我自己还是为我的客户，我培养了"探测"空间的本领。我几乎能"嗅"到哪里有隐藏的空间。所以，我的设计方法也可以被称作一种侦探工作。我会仔细检查一座房子或公寓，看看有没有什么地方没被利用，而我很有可能会把那最不起眼的多余空间也利用起来。我会查看壁橱、墙、窗户，甚至地板和天花板，以期找到未被充分利用的、利用不当的或者是闲置的空间。接着，我会想办法最大限度地利用这些空间，提高使用效率。当我在一所房子里找到更多可使用的生活空间时，相信我，那感觉真是太棒了！

空间机会

我故意没有按照房间类型规划这本书的构架。在这本书里，你看不到"小空间卧室灵感"或"小空间厨房灵感"。我是按照我所说的"空间机会"来划分章节的。你家的每个房间里都有这样的空间机会，你只需要找出来。

在你家里走一圈

设想一下：你搬进了新家或者想扩展现有房屋的使用空间；也许你有一个刚出生的宝宝；也许你开始想在家工作，需要更多空间，但不知从何下手。我的建议是，在自己家里走一圈，就像第一次进门那样看看你的家。

如果你家的天花板很高，那就很容易了。你可以很轻松地在跃层阁楼里打造一间额外的卧室、艺术工作室或者家庭办公室。不过，即便是天花板高度较低的空间，也可以被加倍利用，尤其是壁橱、玄关、厨房和浴室的上方。

接着，看看你的壁橱。里面的所有东西你真的都需要吗？也许你可以扔掉一些，或者放到别的地方去。在这本书里你会看到，我超级喜欢床底下的抽屉、房门上方的架子，和墙上的浅柜或壁橱。在流行小玩意儿的当下，一个空的壁橱就能变成你的家庭办公室。在这个流行网络送餐的美丽新世界，它还能轻松变成一间厨房，甚至是婴儿房。考虑一下这些小空间吧。

窗户壁龛也一样。我用它们打造梳妆台、墨菲床、书桌，甚至浴缸。墙、地板和天花板同样可以好好利用。你明白了吧。你只需要找到"空间机会"，比如：

- 高高的天花板
- 额外的壁橱
- 窗户壁龛
- 墙壁壁龛
- 角落
- 空白墙壁
- 闲置的空间
- 未充分利用的空间
- 几乎未使用的空间
- 重叠的空间
- 楼梯

走完一圈后，问问自己，你家里最需要什么，你最想要什么：

- 你最喜欢哪些空间？
- 你在哪里待的时间最长？
- 你在哪里待的时间最短？
- 你要减少一些什么？
- 你要增加一些什么？
- 你想改变什么？
- 你想怎样生活？
- 你可以扩展的空间在哪儿？怎样扩展？

然后回答一些具体的问题：

- 你一般在哪里使用电脑？
- 你可以睡小一点的床吗？
- 你可以用墨菲床吗？
- 你多久用一次餐厅？
- 你烧饭的次数多吗？
- 你可以用小一点的厨房吗？
- 你多久招待一次客人？

我的小空间生存法则

01
如果你不需要或不喜欢某个东西，就扔掉。

02
给你的每样东西找一个专属空间，这样它就有了容身之所，而你也不必费时寻找。

03
就算在更大的空间里，也要把每个功能区域分开，比如吃饭、工作。

04
买东西的时候随身携带卷尺，买之前仔细量好尺寸。

05
分毫不差地归置每样东西。

06
假如找不到适合你家空间尺寸的成品，也不要怕定制。一些网站可以为你推荐口碑好的木工和杂工。或者，自己动手做（一些商店可以按照尺寸要求切割架子和木板）。

07
记住，你的回报值得你付出，而且（一段时间以后）你不会再想念原来那种四处铺开的生活方式了。

08
永远记住，空间就是金钱！

壁橱空间：

多一个壁橱，多一个房间

房产投资

壁橱就是房间，是货真价实的房产！每平方英尺售价1 800美元的曼哈顿公寓里，一个大小为1 067毫米×610毫米的普通壁橱就值12 600美元！

这只是一个壁橱。要是加上家里其他的壁橱，你就会惊恐地发现，花了大价钱买的东西，你几乎没怎么用——或者，根本没用过。

制造梦想

和我一样居住在小公寓里的人应该都有一个梦想。那就是某天早上醒来，打开房门，哟，你看：多了一间房！一眨眼的工夫我们就有了一间书房，甚至一间客房。这是都市人的一个梦想。

你可以不必做梦了，那个房间早就有了。问题是，里面装满了曾经穿过的伴娘礼服、5年前旅游时用过的滑雪装备，以及你再也穿不下的一大堆衣服。

第一步

扔掉垃圾，扩展生活空间。你不需要或不喜欢的东西，就扔掉或者收起来。

当"救世军"[①]把旧物收走，你的伴娘礼服也被装进床底下的箱子之后，你就有了一个空壁橱。接着，你就可以把它当作一个房间来用，千万别再出去买些乱七八糟的东西塞满它了。改造成家庭办公室、厨房，或者婴儿房都是不错的主意。

第二步

雇一位杂工。你不需要出高价请专业木工来改造壁橱。手巧的丈夫、邻居，或是从装修网站上找来的人都可以做。

---

① 成立于1865年，以军队形式作为其架构和行政方针，并以基督教为教义的国际性宗教慈善公益组织。——编者注

1 童话里的婴儿屋：

生了娃后先别急着搬家

婴儿很娇小，并不需要一个大房间。依我看，任何空间都可以将就着用。婴儿已经够你费心了，别再给自己增加额外的搬家压力了。你可以考虑使用壁橱，只要把壁橱门卸下来就行。

由 Skip Hop 提供

别在意其他人的说法

人们可能认为把婴儿放在壁橱里很奇怪。有些人甚至感到震惊，也许还会开你的玩笑。坚定立场，告诉他们，你已经卸掉了壁橱门。

小贴士

规划婴儿壁橱很花工夫，保持整洁更费力。但不要放弃，它会成为宝宝的完美小屋，而你也可以延缓搬家计划。

b 增加换尿布区域

如果有空间，把这个区域设置在婴儿床旁边，它应该比婴儿床高一点。买一个有带子的换尿布塑料垫，然后在墙上挂一个鞋袋，婴儿湿巾、婴儿油、爽身粉等都可以放进去，再加一个垃圾袋，用来装换下来的尿布。垃圾桶太占地方，而且会把你绊倒。

a 先量量壁橱门

壁橱门的宽度有914毫米宽的话是很理想的，因为一张普通婴儿床就这么长。假如你的壁橱门的宽度约只有610毫米，那会有点难度，不过只要壁橱里面的宽度能达到914毫米或以上就行。双门壁橱最好不过了，多余的空间可以放尿布台。

c 把它布置成婴儿房

在门框上挂个短帷幔。在天花板上吊个风铃，用色彩鲜艳的剪纸在墙上贴出漂亮的图案。这些装饰品会告诉别人："这不是壁橱，这是婴儿房。"

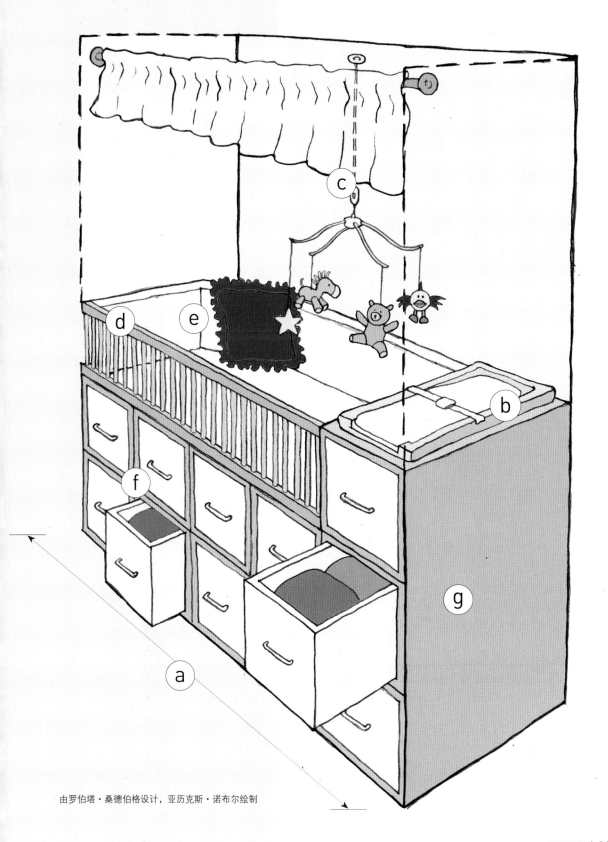

由罗伯塔·桑德伯格设计，亚历克斯·诺布尔绘制

安装婴儿床围栏

d

不需要安装一个钉在墙上的木质围栏。我推荐使用婴儿床常用的金属围栏，比如下图这款围栏。把它牢固地连接在床垫下方的床板上，再买一个围栏罩子套在上面，防止小宝宝磕碰就可以了。

由 Dream On Me 提供

添加一个床垫和一个婴儿床保险杠

e

买一个标准尺寸、便携的婴儿床床垫和一个三边的婴儿床保险杠。

床底下多放些抽屉

f

你的宝宝可能还很小，但养育他/她需要一大堆东西。光一次性尿布就能堆满整个公寓，还有婴儿衣服、毛巾、毯子，更别说玩具了。我发现放双叠信纸规格的文件抽屉（610毫米×305毫米×254毫米）大小正合适。我推荐使用保存档案用的硬纸板耐用文件抽屉。它们一般是折叠后运过来的，一个包装里有6个抽屉。你可以在抽屉面上涂上鲜艳的颜色做装饰。等到孩子大到不需要住在壁橱里，你可以直接用这些抽屉放文件。

制作婴儿床床板

g

订购一块面积与壁橱内部一样大，厚度约为19毫米的胶合板。朝外的一边压上边条。壁橱的墙面可能有些不平整，所以你需要用一根侧嵌条堵住婴儿床和墙壁之间的缝隙。把床板安装在方便的高度，方便你使用，而不是小宝宝。婴儿不会在乎自己的床比普通婴儿床高了还是矮了。床越高，你弯腰的幅度越小，床底下能放的抽屉越多。

我的故事 我和做建筑师的丈夫约翰新婚的时候野心勃勃，重新装修了位于纽约格林尼治村第五大道南边的单卧室公寓。全部由我们自己动手，正要完成的时候我怀孕了。我们钟情于这所华丽的公寓，它有着高高的天花板和拱形窗户，所以根本不考虑搬走，我们要做的就是给宝宝找个地方。公寓里只有一间卧室，但这间卧室里有一个很大的壁橱，至少在纽约算大了：约1 524毫米长，762毫米深，正适合做一间婴儿房！我们设计了一个带保护围栏的固定婴儿床，床底下是储藏空间。储藏方面，我们使用的是坚固耐用的硬纸板文件抽屉，抽屉面是五颜六色的。我们把这些抽屉按照5个一排摆放了两层，在床的一边又叠放了两个，用来存放尿布。这个挂着短帷幔和风铃的壁橱成了我们女儿3岁半以前的家，这个空间真的很棒。就算现在，当我给她看这个小壁橱的照片时，她脸上还是会露出轻柔的微笑。不过，也许是因为我已经跟她讲过很多次了。

◎ **又及：**

我是20世纪60年代最早使用一次性尿布的母亲之一，那时候一次性尿布价格很高，我的妈妈吓了一跳。她大喊："你给我的外孙女用纸尿布？"我回答："是的，妈妈。我给她用纸尿布，还用硬纸板文件抽屉装纸尿布！"

◎ **再及：**

公寓里唯一的壁橱另作他用之后，我们只能找别的地方放自己的东西。所以用到了墙壁。公寓里的每一寸墙壁空间都成了潜在的储物空间。不过那就是另一个故事了（见第六章）。

② 多来点儿淋浴空间：

1.5+0.5=2

让你的家升值

假如你家有一间半浴室，又想把它升级为两间浴室，你可以借用相邻的壁橱或走廊空间。水管是现成的，通风也没问题。除了改善生活方式，这种改造还是令你家升值的最佳途径。

我的故事

重新装修我在开普敦的公寓时，我借用了相邻的壁橱空间，在半间浴室里增加了一个淋浴房。淋浴房不深，只有约600毫米，但很实用。右页图片展示了玻璃淋浴门对小空间的放大作用。

改造前：
带玄关壁橱的化妆室
由威兰·格莱希拍摄

改造后：
玄关壁橱改为淋浴房
由威兰·格莱希拍摄

3 麻雀厨房：

虽然很小，一应俱全

假如你不是一个对吃很讲究的人，特别是独居的话，你可能不需要一个完整的厨房。你需要的是一个闲置的壁橱。我建议你在壁橱里组装一间符合你生活方式的厨房。意外收获是，你又多了一个房间——之前的厨房！

由 Williams Sonoma 提供

过欧式生活

买新鲜食物。只买需要的东西，有需要时才买。在天花板上挂一个铁丝篮，用来放水果和蔬菜，固定在关门时碰不到的地方。

别囤货

让超市为你囤货。它们地方大，你家可没那么多地方。看到"买一送一"促销的时候，你就当没看见吧。

别忘了电源插座

你至少需要给微波炉、冰箱、烤面包机和咖啡机留4个插头。把插座安装在紧靠电器架上方的位置。

使用玻璃搁板

用了玻璃搁板，你就能看清楚上面的所有东西，而且这种搁板很漂亮。我用的搁板厚25毫米，宽203毫米。使用可调节的金属条，与底部间

隔203~229毫米，与顶部间隔254~305毫米放置。

分隔搁板

用一些小物件扩大你的搁板空间，比如置于搁板下方的餐具滤干架、高脚杯支架和架子搁板。材质有木头、不锈钢或者塑料。

添置一张带轮子的小桌

准备做饭的时候，一张带轮子的小桌用处很大。饭菜做好后，还可以用它上菜。

由 Seville Classics 提供

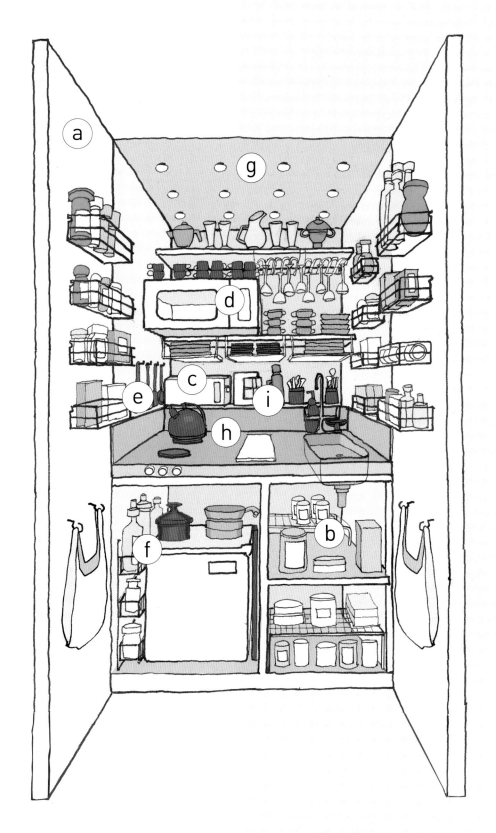

由罗伯塔·桑德伯格设计，亚历克斯·诺布尔绘制

ⓐ 使用双开门

即使是窄门，门后也有足够的空间安置铁丝篮架，用来放罐装食品、罐子、瓶子和调味品。

ⓑ 水槽下方做成食品储藏柜

这个空间很宝贵，要是只放清洁用品就太浪费了。添加一两个搁板，把它变成你的食品储藏柜。用带盖的塑料罐子存放燕麦、大米、糖、咖啡豆、茶叶等散装食品。

ⓒ 找小巧的电器

虽然宣传得不多，但网上可以买到那种只烤一片面包的小型烤面包机。小型微波炉网上也有卖。

ⓓ 微波炉

微波炉可能是你的壁橱厨房里最重要的一件物品，我真希望有关它对人体有害的传言是假的！我能找到的最小的微波炉宽457毫米，高229毫米，深305毫米。

ⓔ 把厨房用具挂起来

用挂钩把刮刀、勺子、滤网、剪刀和开罐器挂起来。但是，只把有用的挂起来。要是你发现有的东西用不到，就把它扔了。

ⓕ 利用冰箱周围的空间

我选择了610毫米×610毫米×610毫米的框架，这样，冰箱上方和两边就有了多余的空间。冰箱上方放炒锅和平底锅，一侧放托盘，另一侧用一个三层浅篮筐放清洁用品。

ⓖ 添加特殊效果

装在墙上的镜子能使一切看起来更大、更迷人。一开门就自动亮起的顶灯也能达到这种效果。

ⓗ 订购一块厨房台面

定制一块自带水槽的不锈钢台面。你可以详细说明壁橱尺寸，水槽也要足够深，防止水溅出来。一个小水槽的最佳尺寸为宽254毫米，深305毫米，高203毫米。建议使用外圆角和一块152毫米高的后挡板。

ⓘ 订购一个电器壁架

你可以订购一个内置在台面后部的架子。用这个架子抬高厨房电器，避免它们沾水。这个架子至少要152毫米高，114毫米宽。我的电器架上放了一个烤面包机、一个咖啡机、一个热水瓶和几个盛放刀叉的马克杯。

由 Acme Kitchenettes Corp. 提供

购买标准的迷你厨房

最简单的做法是使用一个标准的迷你厨房，就像照片里的这款，宽900毫米，长1 000毫米，高约1 200毫米。大多数框架都自带水槽、水槽下的橱柜、小冰箱和两个炉灶。你很难找到完全适合你家壁橱尺寸的，因此，要准备好木条，贴在侧面。

或者购买更大的

如果你的壁橱比较宽，你可以选择更大的迷你厨房，内置烤箱、微波炉、大一些的冰箱和洗碗机。

由 Acme Kitchenettes Corp. 提供

由 Kitchoo 提供

或者购买更时尚的

假如想在客厅放置开放式的迷你厨房，你可以选择一种看上去像个时尚橱柜的迷你厨房。盖上顶盖后，连水龙头都隐藏起来了。除了不锈钢水槽和玻璃炉灶以外，还有一个小型洗碗机。

壁橱厨房的装饰门

我的故事（第一部分）

在南非时，为了获得建筑师本职工作之外的收入，我曾经把一间车库改造成一间小屋。我安装了一个带小冰箱和两个炉灶的迷你厨房，它成了小屋里开放型客厅的一部分。为了能像壁橱一样开关这个厨房，我使用了又高又窄的门，上面装饰着黑色、金色的黄铜拓片。踏进这间小屋第一眼看到的就是这两扇门。当我打开门露出门后的厨房时，客人们都会惊讶地后退一步，发出"哇哦"的赞叹。

关闭：覆盖玻璃的黄铜拓片

开启：橱门内的架子

由罗伯塔·桑德伯格和 D. 艾伦·SA 拍摄

关闭：古典木门　　　　　　　　　　　　　开启：顶灯亮起

由阿德里安·威尔逊拍摄

我的故事（第二部分）

我现在住在曼哈顿约46平方米的单间公寓里，要么选择装一个壁橱厨房，要么不要厨房。这个家里的壁橱厨房比南非的家里那个华丽多了。它的内墙上是一面镜子，搁架都是厚实的玻璃材质，金属质地的天花板上镶嵌了小灯泡，橱门是雕花的红木门。打开门后，天花板上的灯会亮起，还会反射在镜子里。同样地，每次开门都会引发访客一阵"哇哦"的赞叹。

折叠床也可以很高级：
缩小家里最占空间的东西

听听美国建筑师巴克敏斯特·富勒的建议

巴克敏斯特·富勒曾经说过："一天中2/3的时间床是空着的，我们该考虑一下这个问题了。"的确，床在房子里占据了很大的空间，但我们并非一整天都需要它。

在壁橱里安装一张墨菲床

你可以在空壁橱里安装一张墨菲床。举个例子，一张大号床可以装进宽1 626毫米，长2 134毫米，深457毫米的空间。

别怕"定制"

无论你花了多少钱定制产品，在看到结果的那一刻，你都不会在乎了：想想看！一张与公寓墙壁严丝合缝的墨菲床！

让它成为一个秘密

墨菲床的乐趣之一就是它的巧妙性和隐蔽性，你不需要告诉别人，这里是睡觉的地方。

也可以不用保密

如果没人来拜访你，就不用把床收起来。当你收起来的时候，你可能认不出这是你的公寓了，因为空间会显得很大。

ⓐ 床头板、窗帘和短帷幔

在床后加一个带垫套的床头板，一块短帷幔和一幅窗帘。床放下来的时候，这些装饰物能把你的壁橱变成卧室。

ⓑ 侧边架

在床边留个地方放架子或者壁龛，即使它的大小只够放下一瓶水。

ⓒ 阅读灯

在两侧墙上安装卤素灯或白炽灯。

ⓓ 枕头、毯子

为了确保折叠床打开或收起时床上用品不掉落，可以在床尾绑一根带子，把它们压在带子下方。

ⓔ 折叠门

1. 床放下来的时候，用结实耐用的合页保持折叠门敞开，折叠门展开后可以把床和房间里的其他空间分隔开（请见第三章）。

2. 床收起来的时候，用磁铁或钩子让折叠门保持关闭。

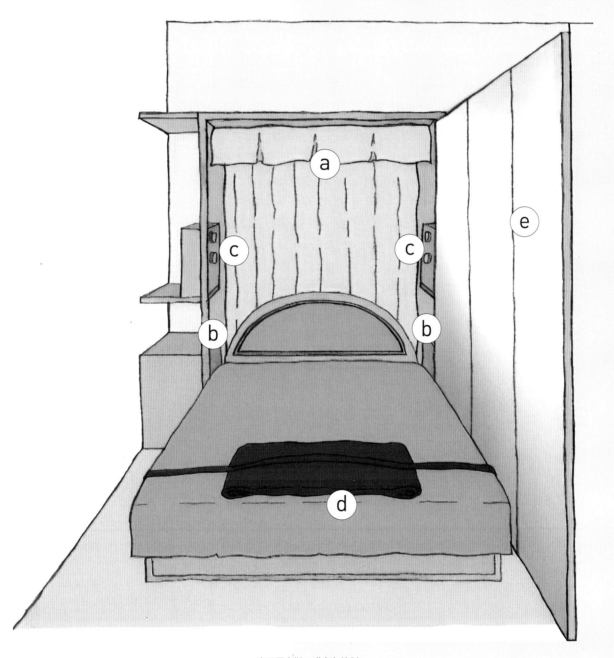

由亚历克斯·诺布尔绘制

打造"墨菲先生"的戏法

我的故事

我很幸运地找到了一间可以看到纽约中央公园的工作室，我希望能在公寓的各个地方，特别是在客厅区域和床上看到这一景观。所以我在面对中央公园的窗旁一个较深的壁龛处安装了一张墨菲床，让木匠打造了隔绝床与房间的折叠门，门的一面用织物覆盖，另一面装了镜子。当床放下来的时候，折叠门展开成为房间隔断，我能从床上看到风景。当床收起来的时候，折叠门关闭，我能从客厅区域看到风景。每年的新年前夜，我都会举办一次聚会，午夜时分可以看到烟火，我会在折叠门前面摆上自助餐桌。只有少数几位"知情者"发现这些门后隐藏着一间秘密卧室。

开启前：床"隐身"

开启后：床出现

由阿德里安·威尔逊拍摄

客厅里的隐藏卧室
由阿德里安·威尔逊拍摄

5 给自己找个清静地儿：

在办公椅上掌控全局

如今的微型电子设备特别适合待在壁橱里，壁橱的尺寸刚刚好。谁需要一个大空间放平板电脑或者笔记本电脑呢？

定义空间

壁橱的封闭空间界定了你的工作空间，也让你从心理上有置身于办公室的感觉。

保持整洁

在壁橱里工作意味着你必须不断地归置物品。比起家里的其他地方，这里最需要你为每一件东西找到一个存放位置。

生活分界线

壁橱办公室并不只为你节省空间，它还是生活的分界线。在家办公很容易变得一团乱，壁橱办公室让一切井井有条。当你完成工作时，关上门，你的办公室就消失了。所有文件、纸张、办公室里的烦恼都无影无踪了。锁上门，开始另一种生活。虽然在家，但你会感觉好像又回了一次家。

ⓐ 两扇门

两扇狭窄的门打开后可以提供隐私保护，会让你感觉在一个独立的房间里，而不是待在走廊里。

ⓑ 利用门背面

挂上铁丝篮架。买一个"什么都能装"的挂墙收纳袋，看上去像是服用了激素不断复制出来的鞋袋。

ⓒ 把垃圾挂起来

用超市的袋子。

ⓓ 定制桌面

建议使用19毫米厚，一侧镶边的胶合板，加一个边框防止东西滚落下来。标准桌子高737毫米，但我的只有673毫米，因为我个子不高。桌面要保持清洁。这样你才能在壁橱里生活。

ⓔ 安装内墙壁架

我的高178毫米，深203毫米，主要用来放我的电话、笔和咖啡杯。做一些不需要使用电脑的工作时，我会把笔记本电脑放到架子下面，腾出桌面空间。

ⓕ 紧邻桌子上方的搁板

这块搁板安装的高度不要超过桌面457毫米，这样你不用站起来就能拿到上面的东西。只放手头最需要的东西。

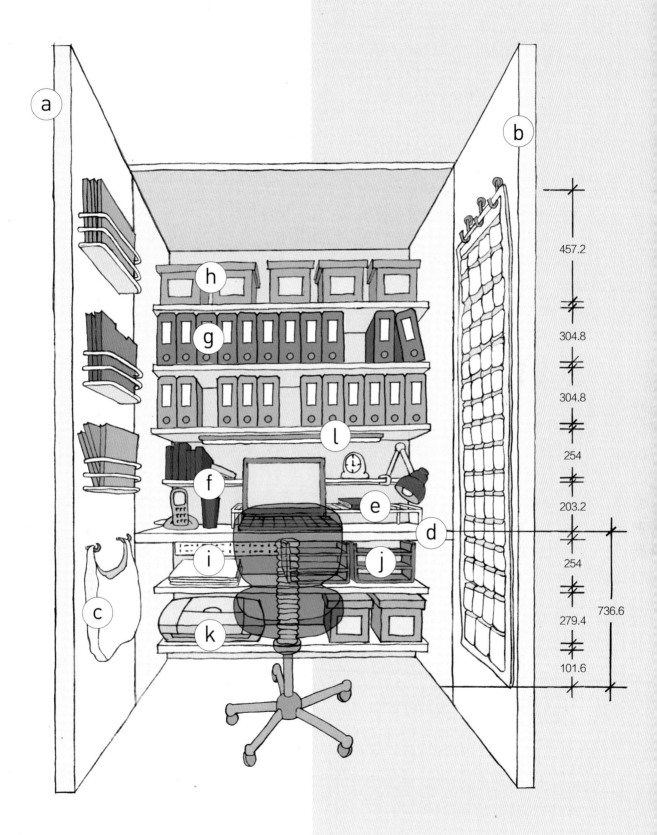

457.2

304.8

304.8

254

203.2

254

736.6

279.4

101.6

（单位：毫米）

g 杂志文件盒

要用背部有孔的杂志文件盒，这样你坐在座位上就能斜着拿下来。文件必须是待处理的或值得保存的，仔细挑出不需要的文件，网上能找到的都可以扔掉。按照字母顺序排列杂志文件盒。

h 使用顶层搁板

这块搁板用来放档案文件箱。把所有的档案文件放在一个地方，就算是旧的税单也一样。假如东西放得分散，你就会忘了它们在哪里。

i 电源插座

别少算了你需要的插座数量。我有三盏灯、一个手机、一个平板电脑、一台笔记本电脑、一个硬盘、一台多功能一体打印机、一个路由器和一个调制解调器！买一个金属环，在桌面上切一个直径51毫米的圆孔，以便电线穿过。每根电线的两头都要做上标记！

j 紧邻桌面下方的搁板

不适合放在门后的东西都可以放在这里：纸张、信封、墨水盒、打孔器、碎纸机。

k 底层搁板

这里我选择放打印机。在使用时我只需靠向一边，微微俯身。只要坐下，我就尽量不起身。

l 灯光

灯光使小空间看起来更大。买一根长条形的荧光灯安装在搁板下，提供一般照明。为了防止灯光耀眼，装一条厨房柜子上的那种木头挡板。直射灯光的话，建议使用折叠台灯，或者节省空间的装饰台灯。早晨坐下来，打开灯，新的工作日就这样开始了。

我的故事

我们位于格林尼治村的小公寓容纳不了一个建筑设计工作室，因此我们利用了厨房，在曼哈顿的公寓中这个厨房算是比较大的。厨房里有一台冰箱、一个带水槽的橱柜和一个炉灶，这些东西都靠着一面墙。我们在对面的墙边放置了画板，底下有一个小折叠桌。为了把工作室和厨房分隔开，我们装了一幅有滑道的窗帘。所有的办公用品（比如电动打字机、纸张等）都放进了食品储藏柜。要是有一台带CAD（一种绘图软件）的电脑，我们就能扔掉电动打字机和笨重的画板，把所有的东西收进壁橱。不过，当时可是20世纪60年代！

孩子最爱的梦幻小屋： **6**

舒适隐蔽的儿童空间

孩子们喜欢带着他们最喜欢的书躲藏在秘密的角落里。假如你想让阅读成为孩子的秘密乐趣，你可以为他／她打造一个隐蔽的阅读角落。

找一个不太使用的壁橱

不太使用的过道壁橱，存放床单的壁橱，甚至主卧里的壁橱都可以。如果你能清除里面的一些物品，就可以用这个壁橱给孩子带来欢乐。

自己动手做

· 拆下壁橱门
· 给墙壁刷上明亮的颜色
· 在地板上放几个靠垫
· 添置墙面书架
· 让它施展魔力吧！

7 "吃饭—工作—睡觉"三合一：

重复利用同一空间

中国建筑设计事务所 B. L. U. E. 的巧妙设计

B. L. U. E. 建筑设计事务所的建筑师利用一个壁橱的空间创造了一个舒适的用餐处和工作间，这个空间还可以变身为一个容纳两张床的休息空间。从壁橱下方可以拉出一张单人床，侧面有一列书架，第二张床可以通过一个滑轮系统从天花板上降下来。

吃饭

怎么运用这些灵感

或许你不想在如此狭小的空间里吃饭、睡觉、工作。但当空间不够用的时候，你可以找到很多机会叠加空间的功能。即使不在壁橱里，储物、就寝的功能也可以和工作、用餐的功能叠加起来。

通风

最好为紧凑的空间找一个有窗户的位置，没有窗户的话，就要利用机械通风。小空间必须能呼吸。

工作　　　　　　　　　　　　　　　　睡觉

照片由B.L.U.E.建筑
设计事务所提供

8 "断舍离"的精致衣橱：

只挂上最令你骄傲的衣服

只用一个壁橱

我相信，除了王公贵族和社会名流，每一个人都能把衣柜里的衣物塞进一个壁橱里。前提是只把最合适、最好看、最符合你生活方式的衣服挂起来，其他的都应该收起来或者送出去。

> **好好选出你要挂起来的衣物**
>
> 大多数人都会如此抱怨："我有一柜子衣服，但总觉得没衣服可穿。"有时候衣服在柜子里塞得太紧了，很难抽出来，难怪穿个衣服都要很久。所以，只把你喜欢穿的衣物挂起来，只有这些衣物才有资格待在你唯一的壁橱里。

不想再穿的衣服就别挂起来

别把你不想再穿的衣服放在价值不菲的壁橱里，舍不得送出去的旧衣服可以放在廉价的搁板上或者床底下。把它们叠好放在盒子、袋子或手提箱里，贴上醒目的标签："太瘦""太肥""过季""过时"。当然，最好还是把它们送走。

合并和压缩

当你确定这个壁橱里的一切都是你需要而且喜欢的东西之后，就可以开始合并和压缩衣柜里的东西，让它们占用最小的空间。

让每样东西都一目了然

注意别把东西放在没做标记的盒子或抽屉里，或者再糟糕点，放在储藏室里。这样做和扔掉没有区别，你会忘记你还有这些东西。

垂直存放衣服

为了节省空间，可以考虑多层衣架，每件衣服都要垂直挂在衣架上。

让生活更简单

你可以过上更简单的生活。设想一下，你准备出门了，打开壁橱门，扫一眼你喜欢的所有衣服，既干净又平整。你只需要听听天气预报（选择穿什么），几分钟后，就准备好出门了。

个性化装饰

添加装饰，让它成为你的专属壁橱。贴上艺术海报，天花板上也可以贴。

随时检查

季节不断交替，潮流不停更新，你也会变。重新检查你的壁橱，清除那些不穿的衣服。不值得为毫无用武之地的东西付那么高的租金。假如你无法确定某样东西的去留，可以先收起来以后再看，也许过段时间，它又变得好看了。谁知道呢？它可能会在你的壁橱里留到最后。

由罗伯塔·桑德伯格和亚历克斯·诺布尔绘制

ⓐ 使用带夹子的衣架

使用能夹住裙子和裤子的衣架，上面的钩子可以让6~8个衣架垂直连接在一起。你可以从底部把衣服拉下来，但不会影响挂在顶部的衣服。

ⓑ 使用相连的衣架

使用多层衣架挂衬衫和夹克衫。衣服从上到下依次排开，通过衣架上的链子连在一起，5个一排。

ⓒ 根据款式和颜色分开放

夹克衫和夹克衫放一起，衬衫和衬衫放一起，每一排衣架上的衣服也要根据颜色分类。黑色、灰色一类，棕色、白色一类，绿色、蓝色、紫色一类，红色、橘色、黄色一类。根据款式和颜色分开放之后，你就很容易找到衣服，看上去也很美观。后退一步欣赏一下吧。

ⓓ 鞋子放在地面上

在一个普通的壁橱里，你至少能在地面上放两个双层鞋架，相当于放12双鞋。也许你的鞋子远不止这些，不值得放在鞋架上的鞋子就扔掉吧。你真的需要3双运动鞋吗？相信我，一个简约的壁橱衣柜里有12双鞋就够了，只要保证鞋面光亮，鞋跟完好。

ⓔ 把靴子塞进去

用"撑靴器"保持靴子直立，把它们塞到鞋架之间的空隙里或者鞋架与墙壁之间的空隙里。

ⓕ 把外套放在门背面

把外套挂在壁橱门背面的钩子上。如果外套很重，需要使用车库挂钩。

ⓖ 把首饰挂起来

首饰盒很难收纳。我喜欢有很多小口袋的透明挂袋，把它挂在壁橱门背面，每次开门都会给你带来好心情。

ⓗ 把围巾挂起来

建议在门背面或墙角里安装一个木质旋转支架。本身是用于挂裤子的，但我认为它更适合挂围巾。我把这种收纳称为"看得见的储藏"，有些东西不必关在抽屉或壁橱里，每天看到它们也是一种乐趣。

由阿德里安·威尔逊拍摄

把手提包放在搁板上

我发现挂包的装置太占地方，我更喜欢搁板上的垂直隔断。在一块 1 067 毫米长的搁板上，我放了两个背包、两个电脑包和 6 个手提包。

把围巾挂在钩子上

这里指你日常用的围巾，出门前随手带上的那种。把它们放在随手拿得到的地方，根据颜色分开放。我有一个钩子挂白色、棕色围巾，一个挂蓝色、绿色的，两个挂橘色、红色的，还有两个挂黑色、褐色的。

抽屉里竖着放衣服

这么多年来，你可能一直叠错了衣服。学会把裤子、上衣、运动衫和内衣叠成整齐的方块，竖着放进抽屉里。一眼就能看到所有衣服，它们都稳稳地竖在那里（近藤麻理惠的《怦然心动的人生整理魔法》）。

由 Akihisa Ueno 拍摄，来自 KonMari Media, Inc. 近藤麻理惠，来源：https://konmari.com

我的故事

我工作的第一家建筑事务所里有一位年长的欧洲女性，名叫尤兰达，是一位绘图员。她穿的套装十分讲究，特别干练，而我还穿着大学时期留下来的运动衫和短裙（难以置信，那个时代不允许女性穿长裤）。尤兰达成了我的私人顾问，帮我选择她认为适合职业女性的衣服。每天我上班的时候，她都会检查我的衣着。一切都很协调，没有污渍，没有褶皱，完美！她会对我说："壁橱里只留下令你骄傲的衣服。"在那以后的许多年里，只要我发现我有太多不喜欢的、不令我骄傲的衣服，我就会想起她的话，然后把这些衣服塞进黑色大袋子里，准备送出去。她的话成了我的生活哲理：假如你不爱它了，就赶紧摆脱它。

角落空间：

犄角旮旯里藏着额外的房间

角落很舒适

我们天生就喜欢待在角落里。我们喜欢看着开阔的空间，但会选择生活在角落里。你在饭店里喜欢坐在哪儿？第一选择是角落，第二选择是背靠墙的地方。有时候只有别的座位都坐满了，中间的桌子才有人坐。

角落很安全

在角落里，你身后有两面墙，没人能从后方偷偷靠近。这给你一种拥有主动控制权的感觉。你可以看着前方想："我在这里很安全，我能看见每个人，没人能够得着我。"

角落适合生活

当你规划客厅的时候，一条好的法则是让开阔空间用于展示，在角落区域生活。大客厅里的"浮岛"座椅会给你的客人留下深刻印象。但作为日常使用，角落绝对是最佳选择。角落里最适合与一位友人一起读书、看电视或者喝一杯。

角落在很多事情上都是最佳选择，空间可能性无限：

——角落可以成为最受欢迎的**酒吧**。

——角落可以成为最有效率的**厨房**。

——角落可以成为最幽静的**工作空间**。

——角落可以成为最舒适的**卧室**。

当你规划生活空间时，**先看看角落吧**！

9 迷你小厨：

从客厅里切出来的方便

ⓐ 修一面矮墙

一堵高1 219毫米的墙可以在房间里隔出一个厨房，还可以放下一个托盘或一杯酒。

ⓑ 买一个迷你厨房

标准式样的宽度一般有991毫米、1 067毫米和1 219毫米，附带一台冰箱、一个炉灶和一个水槽（详细信息请见第一章）。

ⓒ 加块搁板放微波炉

把搁板放在与隔墙顶端相同的高度上，保证微波炉使用方便。

ⓓ 利用微波炉顶部

别浪费微波炉顶部空间。在南非时，我把喝下午茶用的托盘放在微波炉上，托盘里有茶杯、茶碟、茶匙、糖、奶盅和茶壶，一应俱全。

ⓔ 安装厨房电器壁架

安装在高于迷你厨房台面152毫米的高度，以免厨房电器沾到水。

ⓕ 在壁架下方添加搁板

这些搁板是用来放置锅碗瓢盆的。

ⓖ 在侧边添加一面隔墙

在迷你厨房的另一侧添加一面隔墙，可以用来挂厨房用具。

ⓗ 挂一个铁丝篮

从天花板上垂下的铁丝篮既方便又美观，可以让水果、蔬菜透气，保持新鲜。

我的故事

当我决定把南非的房子分隔成两个独立的小屋以赚取额外收入的时候，我把原来的厨房改造成了卧室，在客厅的一角安装了一个迷你厨房。没有烤炉，连小烤箱也没有，所以我就用一台微波炉和一个电水壶。那是一个效率极高的厨房，使用起来乐趣无穷。

由 D. 艾伦・SA 拍摄

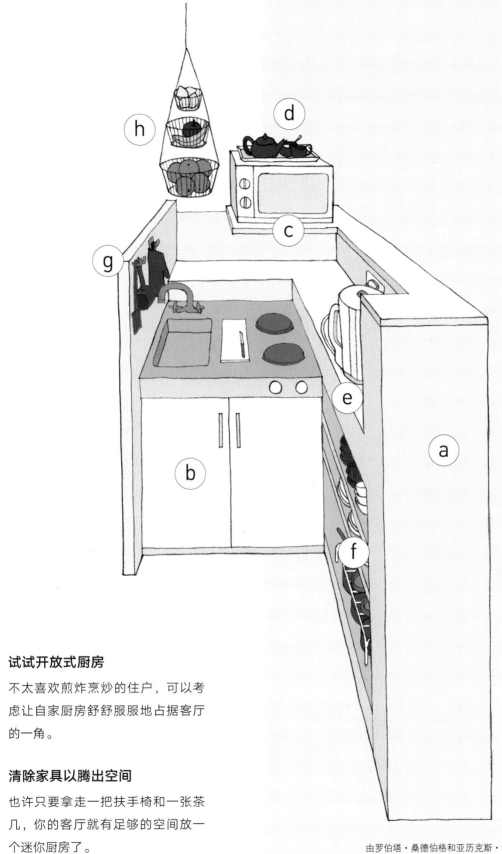

试试开放式厨房

不太喜欢煎炸烹炒的住户，可以考虑让自家厨房舒舒服服地占据客厅的一角。

清除家具以腾出空间

也许只要拿走一把扶手椅和一张茶几，你的客厅就有足够的空间放一个迷你厨房了。

由罗伯塔·桑德伯格和亚历克斯·诺布尔绘制

10 烛光餐厅：

让每一次用餐都变得舒适

打造一个双面长椅或使用现成品。

任何小桌子和小椅子都很适合放在角落里。

让它看上去像个独立的空间

给角落的墙壁涂上与房间里其他墙壁截然不同的颜色。

在一间小公寓里，找到一个舒服的地方坐下来吃饭不是件容易的事，但是你总能找到一个角落。那个角落里可能放着一盆植物，或者一把椅子，又或者一座雕塑。只要把它们搬走就行。

你的餐厅角落甚至可以紧挨着公寓前门，就像下图中展示的这样。

也许你要找手巧的丈夫或一个帮手把餐厅精准地嵌入你的角落空间，但之后的很多年里你都会感谢他。角落永远是房间里最舒适的地方。

由 Alyssa Kapito Interiors 设计

几平方米就足够：

每个角都实用的精致浴室

利用角落节省空间

如果你正在建造或重新装修一间浴室，可以考虑只利用浴室的角落安装固定设施。这会是最节省可用空间的方法。

建造淋浴角落

把淋浴房安置在角落里，最好搭配弧形的玻璃隔断。

塞入坐便器和洗脸池

把坐便器和洗脸池放在不同的角落里。

空间利用最大化

利用角落放置浴室固定设施自然会使浴室空间的利用效率最大化，因为浴室留出了来回走动的空间。

角落洗脸池、淋浴房、坐便器俯视图

创造一个宁静的庇护所

买一个可以放进角落的丙烯酸浴缸

可以考虑在你的浴室角落放一个浴缸。成品标准尺寸两边都是长1 219毫米。有弧形的，有五边形的，两边可以靠墙。

由 Aquatica Plumbing Group Inc 提供

或者放一个步入式角落浴缸

这种最适合老年人和伤残人士使用，因为不需要跨过浴缸边缘就能洗澡了。你还可以把现有的浴缸改成步入式。步入式浴缸比普通浴缸小，样式也很多。

由 Gruppo Tres 提供

我的故事

我在南非的房子只有一间浴室。当我决定把它分隔成两间小屋的时候，我必须找地方打造第二间浴室。有一个小空间原本是用于吃早餐的，这个空间改造成小浴室后只能放下一个坐便器和一个洗脸池，但我还想要一个浴缸。为此，我得借用浴室门背后客厅的一角，向下挖两级台阶的高度，这个下沉式浴缸的顶部就和地板一样高了。必须从远端进入这个浴缸，但这个隐藏在门背后的超小角落成了我的秘密庇护所。在这个小浴缸温暖的水中，我享受了很长一段时间的平静和安宁。

13 家庭办公区：

享用你没好好使用的客厅

让它成为紧凑空间

在角落里放一张书桌——空间紧凑而独立，让你伸手就能拿到所有东西。

使用现成的产品

图中这个设计既巧妙又简约，一条狭长的复合木板通过几处弧形连接，打造出一个放书和工作的场所。

宁静与私密

在角落里工作使你在房间里获得私密空间，拥有属于自己的小角落让你感到宁静。

或者自己动手做

你可以改变一下这个创意，不用弧形的复合木板连接。只需安装一张小写字桌和头顶上方彼此相连的书架。唯一的问题是如何让这个开放式设计保持干净整洁。

由 Miso Soup Design 提供

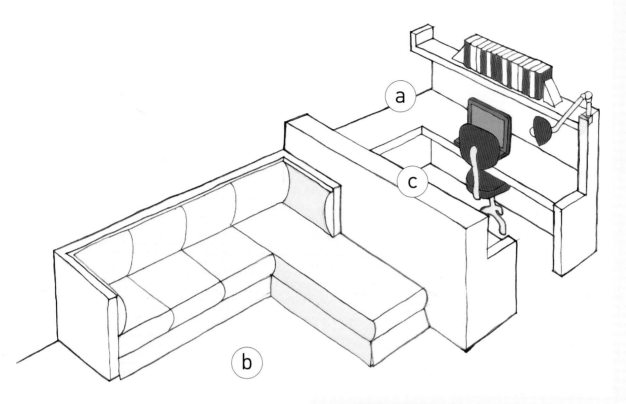

由罗伯塔·桑德伯格和亚历克斯·诺布尔绘制

紧凑的角落
a
在角落里打造一张书桌，空间紧凑而独立，让你伸手就能拿到所有东西。

走动的空间
b
你的工作区域很紧凑，因此房间里有很多走动的空间。站起来伸伸腿，或者跟客人说说话，暂时离开那堆私人文件。

私密性
c
为了保证私密性，在你的书桌上放几块搁板，或者在桌子前面放一块屏风。

使用最好的房间
你的家就是你的城堡，假如你在家工作，最好坐在王座附近，不要藏在卧室里。为何不在你不太使用的客厅角落里打造一个属于自己的空间呢？

精心装扮
为了感觉像在真正的办公室里，工作之前精心装扮一下吧。

增加私密性
为了保证私密性，在你的书桌前加一个隔断或开放式书架。

我的故事

我在南非的房子里，客厅与卧室之间有一个弧形的入口通道。我把房子分隔成两个独立的小屋，一个用来居住，一个用于出租之后，原来的入口走廊就成了我的工作室。两个小屋之间的角落是一个很舒适的工作场所，原本的马厩门保障了私密性。马厩门的上半截开着，整个空间总是充满新鲜空气和明媚阳光。

当我从手工绘图转成CAD之后，这个工作空间更好了。我扔掉了笨重的画板和画板上过时的计算尺，也扔掉了巨大的绘图柜，就连我的"甜蜜目录"（以大写字母S命名的文件夹）也成了过去式。

由 D. 艾伦·SA 拍摄

添加搁板和抽屉

利用角落的每一寸空间,椅子两边放抽屉，头顶上方放书，墙上挂日历、备忘录和振奋人心的名言警句。

利用窗户

一扇窗户不仅带来自然光线，还能让你打起精神来。尤其在你工作不顺利的时候，抬头看看外面总是一件美好的事。窗户壁龛可以成为额外的桌面空间。在墙壁很厚的老建筑里，窗户壁龛的深度可以达到305毫米以上。

挂上吊灯

一个固定在墙上的吊灯既节省了桌面空间，又能最大限度地提供光线。

14 不用单找婴儿屋了：

借用一部分卧室就好

假如没有额外的房间或者空壁橱，你可以把房间的角落留给新生儿。你甚至可以选择靠近你们床的角落。当你听着宝宝的呼吸声，想着你可以推迟搬家计划，至少推迟一段时间时，你就能睡得更安心。

ⓐ 安装婴儿床围栏

在婴儿床向外的一边，用坚固的锁钩把木质围栏固定在墙上。或者像第一章里介绍的那样，使用婴儿床常用的金属围栏。将其牢固地连接在床垫下方的床板上即可。

ⓑ 买一个换尿布台

你需要的是一个放在床边的小抽屉柜（宜家家居有售）。在柜顶放一个塑料垫，抽屉里可以放尿布和婴儿湿巾。

ⓒ 用橱柜支撑

橱柜可以支撑婴儿床并提供储藏空间。在《童话里的婴儿房》那一节里，我建议使用文件抽屉，带滑门的橱柜也能起到相同的作用。如果是单薄的抽屉，顶部就需要再用一块木板来支撑床垫。

ⓓ 打造一个婴儿床

角落的两面墙壁组成了婴儿床的两边，你的抽屉柜兼换尿布台是婴儿床的第三边。你只需要买一个婴儿床床垫和一个三边的

婴儿床"保险杠"（由织物包裹着的海绵橡胶，上面有一些孔洞）。

ⓔ 加一块帷幔

为了增添乐趣，在角落上方放一圈有褶边的帷幔。在天花板上安装一根滑道，或者在墙上安装一根竿子。它是这个角落的特色，当你看到它的时候，心情会很好。

ⓕ 买个有袋子的屏风

你可以买到由合页连接的成品屏风，屏风上装有储物袋。请手巧的丈夫或杂工制作这种屏风也行。软垫面料覆盖在嵌板上，在上面缝几个不同大小的口袋，放入爽身粉、婴儿乳液等婴儿用品。

由 Pocketz Folding Screens 提供

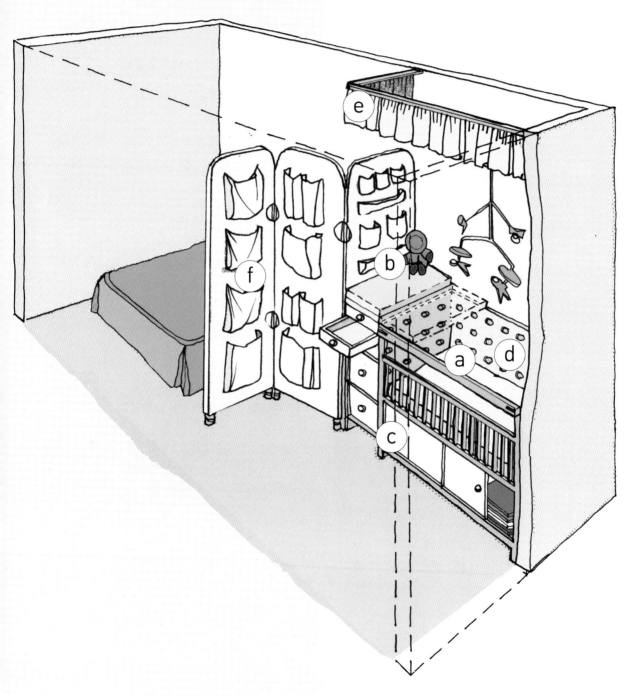

由罗伯塔·桑德伯格和亚历克斯·诺布尔绘制

15 不让孩子远离视线：

在墙角创造一个阅读空间

可以在任何空间

儿童的阅读角落可以安排在任何一个空间里：客厅、玄关、走廊，甚至厨房。无须清空壁橱，就能给孩子一个私密的空间，方法其实很简单。

别隔绝这个空间

不要让这个角落隐藏在一个寂寞的卧室里，应该把它安排在家人时常出现的地方 —— 能知道家里发生什么的地方。

装饰墙壁

当你腾出一个合适的角落后，别忘了制造些乐趣。给它涂上一种截然不同的颜色，或者多涂几种颜色，以达到引人注目的效果。

地上来块垫子

放一块地毯，或者一块剩下的全屋地毯。

座位也要舒适

在地面上放几个豆袋沙发或者靠垫，把它们堆成舒适的座位。

小心头上空间

标准深度的书架必须安装在足够高的地方，以免孩子们站起来的时候撞到头。但是书架也不能太高，否则孩子们够不到书。

用调料架做书架

放调料的架子不深，所以孩子们不会撞到头，而且这种架子正适合放置童书大小的书。调料架的前端可以确保书本不会滑下来，木质的架子也会在客厅里成为一道亮丽的风景。

由 Kate Sparks，Little Dwellings 提供

16 床是温柔港湾：

蜷起身子获得安全感

让它成为舒适的一角

把床放在房间当中很方便铺床，但不如放在角落里那么舒适，那么令人安心。蜷起身体躺在角落里的床上再舒服不过了。

留出空间做别的事

床放在房间当中后，床和墙之间就只剩下一条窄窄的通道了。床放在角落里的话，其他空间就可以用来锻炼身体、换衣服或缝纫衣服等。

把角落变成卧室

在下一页，你能看见一个由废弃角落改造而成的小卧室，位于我在开普敦的公寓。我唯一的需求就是床的一侧有足够的空间做通道。

我的故事

不论我住在哪儿——纽约或是南非，一个人住或是与人同住，我都会选择睡在角落里。角落里的床占用的空间不仅少，而且看上去更安全、更舒心，你可以闭上眼睛做个好梦。

也许，我偏爱睡在角落，是因为很多年前我和丈夫约翰周末常常去长岛海峡，在那里的一艘长约7.9米的埃里克森号帆船的V形船头里，我们度过了许多美好的周末时光。

由威兰·格莱希拍摄

17 转角公寓：

在一个空间内生活、睡觉、吃饭

创造一个极致角落

右页这间位于荷兰的单间公寓，是我眼里展现如何将所有东西放进一个紧凑角落的理想案例。生活、睡觉、吃饭，都可以在这个空间完成。用沙发围住一张大号床，同时在一张小餐桌边环绕出一个弧形曲线。

怎么运用这个灵感

任何一个住单间的人都是运用这个灵感的最佳人选。只要精简你的居住功能，你就可以把一个窄小的生活空间变成一间宽敞的公寓。把所有东西塞进房间的一角，就能空出其他空间了。

选择一个角落

如果可能，选择窗户对面的一个角落。尽量远离厨房、浴室和壁橱。

把它想象为一个拼图

首先，量一量角落的尺寸，在纸上画出一个平面图。其次，在彩色纸上画出你准备放进这个角落的几件家具的轮廓图，并把它们贴在平面图上。你的目标是把大大小小的家具轮廓图天衣无缝地拼在一起。

找到沙发部件

在网上搜索沙发。尽可能找一端为圆形的沙发。假如找不到你需要的尺寸，可以寻找提供定制服务的生产商帮忙。记住，空间就是金钱，你肯定希望它物尽其用。

放一张大号床

买一张大号床，把它放进沙发部件之间敞开的空间里。在床周围留出几英寸空间。然后，增加床的高度，使床垫正好高于沙发的高度。

做一个与沙发搭配的床罩

你需要一个和沙发套材质一样的床罩，不管多凌乱，都能轻松地盖在床单和毯子上。

枕头套

和沙发套材质一样的枕头套一定要够大，这样枕头才能轻松地放进去、拿出来。

买一个小圆桌

在这个空间里，你要买一个市场上直径最小的、带细长基座的圆桌。

加一个假天花板

如果你想进一步改善这项设计的舒适性，可以添加一块带部分转角的白色假天花板，用来反射从沙发对面的窗户透进来的光线。

把墙刷成白色

白色墙壁会给人宽敞的感觉。

照片由 MAFF Apartments The Hage，www.maff.nl 提供，由 Queeste Architects 设计

18 精致小镇：

转角创造私密性

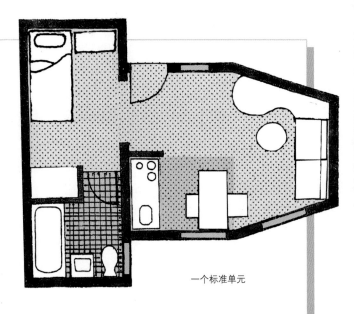

我的故事

这是我在南非的第一份建筑设计工作，位于约翰内斯堡郊区的一个退休社区。看到设计任务书上说每个单元的面积不超过43平方米的时候，我觉得它们跟曼哈顿的单间公寓一样。这个住宅区是在种族隔离制度的背景下建造的，只供白人居住。但25年后回到那里时，我很高兴看到各种肤色的人在我设计的小镇里走来走去。尤其令我开心的是，有了马厩门的帮助，居民们能够透过这些开放的"窗口"与邻居闲聊，邻里之间的距离也拉近了。

一个标准单元

转角确保私密性

转角确保了每个单元的私密性，任意两个立面都面向不同的方向。

角落里的床铺空间

我借用浴室旁边的区域，设置了一个宽度为1.52米的床铺空间。这里可以放下一个大号床的床垫，不过需要从床尾上去，或者靠边放一张单人床。

由比尔·比雷绘制

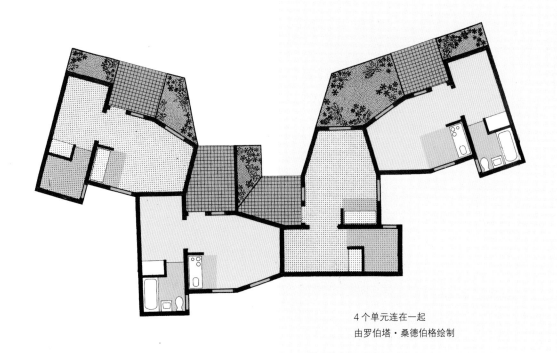

4 个单元连在一起
由罗伯塔·桑德伯格绘制

角落里的入户花园

我把入口区域设计成分隔各个单元的小花园。低层多单元住宅区都可以运用这个灵感。

马厩门

马厩门或者分为上下两部分的门的上半截门敞开时，这扇门就能变成开放的窗口。这个灵感的目的是增进邻里关系，让社区里的人们不再感到那么孤独。

3

分隔的空间：

将空间一分为二

分隔物提供私密性

如果你和别人一起住，你不会希望坐在桌子前或躺在床上的时候突然有人闯入。分隔物是你和外界之间的一道屏障。

分隔物划分界限并隐藏空间

当你走进一个房间，不能一下子看到所有东西时，这扇屏风就营造了一种神秘的气氛。第一眼只能看到房间的一小部分的时候，你会感觉这个房间很大，甚至不止一个房间。

分隔物可以是任何东西

空间隔断既可以像挂窗帘一样简单，也可以像造一堵可移动墙一样复杂，这完全取决于你的需求和预算。可以用作隔断的东西数不胜数。

在这一章，我会阐述这些灵感：

— 书架   — 卷帘

— 窗帘   — 之字形墙

— 折叠屏风   — U形墙

— 带椅子的折叠屏风   — 滑动墙

— 带搁板的折叠屏风   — 金属长竿

— 滑动屏风

19 双面书架：

获得双倍功能

考虑垂直方向

把一个书架垂直于墙面放置，瞧，你有了分隔的空间。书架不必到达天花板的高度，不过书架越高，分隔房间的感觉越真实。

增加储藏空间

把你喜欢的书或者装饰物品放在书架上。

利用每一边

书架一边的空间可以用来就餐，另一边放床铺，中间区域可以放一张客厅沙发。

创造心理上的分隔物

无需物理屏障

也许不用添加物品就可以分隔房间，只要把一件家具换个方向摆放。

移动沙发

把沙发靠在床尾，这样你就背靠睡眠区域了。或者，在沙发背面放一张桌子，打造就餐区域。

加一块床头板

一块高高的床头板可以起到分隔作用，为睡眠区域提供私密性。

加一棵高大植物

植物算是家具吗？可能不算。但你依然可以运用这个灵感。也许你只需要一棵高大的植物就能产生分隔空间的感觉。

20 墨菲床折叠门:

快速分隔房间

床收起后关上门

在墨菲床框架内安装由琴式合页相连的4扇窄门。只需在内侧使用结实耐用的合页安装在框架上。

床放下后打开门

把窄门门板拉开后,展开后的它们就成为房间的分隔屏风。

获得灵活的空间

不用的时候把折叠窄门收起来靠墙放平,这是在空间里进行隔断和取消隔断的灵活方式。

折叠门打开:卧室兼客厅

用合页把屏风装在墙上

用结实耐用的合页把折叠屏风连接在墙上。收起屏风后,用钩子或磁铁确保它们靠墙放平。

让屏风高于地面

与墙壁连接时,把折叠屏风装在高于地面的位置,保证地面易于清洁。

折叠门关闭:完整的客厅

由罗伯塔·桑德伯格和亚历克斯·诺布尔绘制

让它与环境融为一体

用油漆、织物或墙纸修饰你的折叠屏风,使它们与相邻的墙壁更协调。在一个小空间里,人们一般不想要差异明显的颜色,图中折叠门的颜色只是为了突出展示这个灵感。

分隔过于狭长的空间

在南非开普敦的单卧室公寓这个案例中，我首先从客厅入手，客厅宽3米，长6米，与它的宽度相比，有点太长了，但和纽约许多单间公寓很相似。我把这间过于狭长的起居室的一端做了隔断，安装了一幅窗帘作为分隔物，得到了另一间卧室。

别隔断太多空间

如果把床紧靠远端的墙壁放置，你只需在靠近床尾的地方进行隔断。我隔出的新空间长约2米，床的两边都有通道。

缩小客厅家具尺寸

有了隔断后，新客厅变小，但会更舒适。靠得越近，越方便交谈。我买了小尺寸家具，包括两个1 219毫米的小型长沙发和一个直径914毫米的圆形餐桌。

寻找分隔机会

你家里任何一个过长或过宽的房间，或者带凹室的房间，都可以将隔出来的空间变成额外的一个房间。右边列了一些小贴士。

ⓐ 注意床的位置

让床头紧靠远端的墙壁，把窗帘挂在床尾。床两边至少各留出457毫米的距离，使用定做的床单和被子，方便你铺床。

ⓑ 双面窗帘

使用双面窗帘，这样你在两边都能看到窗帘上的图案，隔断的效果会更好。

ⓒ 在周围墙上挂窗帘

在床周围的墙上挂上薄型落地窗帘，营造舒适的天方夜谭般的感觉。

ⓓ 加个桌子或壁橱

如果想在新空间的一边放个桌子，你可以留出长宽各约610毫米的小空间放一张窄桌和一个折叠椅，也可以加一个带滑门的壁橱（用镜面门可以增加乐趣）。

ⓔ 安装一个电灯开关

为了使你的新空间更像真正的卧室，给床头灯或顶灯单独装一个开关。

ⓕ 保持通风

必须有窗户、电扇或空调。在我的案例中，房间远端的墙上已经有一扇位于高处的窗户了。

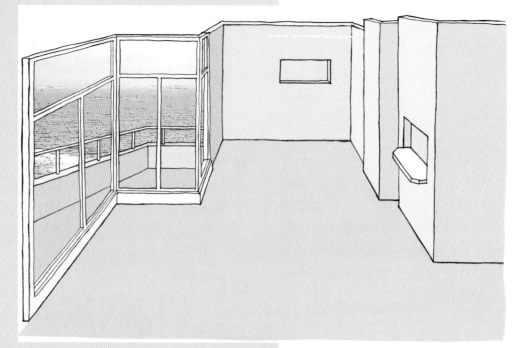

改造前：狭长的客厅

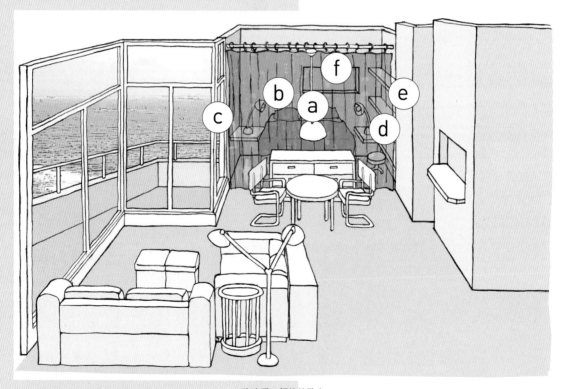

改造后：额外的卧室

由罗伯塔·桑德伯格和亚历克斯·诺布尔绘制

由罗伯塔·桑德伯格拍摄

我的故事

和我的美国朋友阿瑟一起在南非旅游的时候，我发现了这间海边公寓。当我们到达开普敦后，他看了一眼克利夫顿海滩美丽的白色沙滩后说："我想在这里度过余生。"他决定取消我们去克鲁格国家公园观赏野兽的行程，转而去了一家房产中介公司。中介给我们看了一间紧邻海滩的公寓，从那里可以看到十二使徒山脉的美景。我对它一见钟情。它只有60平方米，而且只有一间卧室，不过我知道我可以在这间公寓里发掘更多空间。所以我没问阿瑟的意见就把它买了下来，而阿瑟始终认为它的面积太小了。在没有车、没有电话、没有网络（当时是1994年）的情况下，我花了近6个月时间重新装修。6个月后，阿瑟过来看我，惊讶地问："你确定这是同一间公寓吗？"

22 椅子也能变屏风：

给小家更多机动性

把屏风变成高背椅

这是一种设计巧妙的二合一折叠方式，由3块
门板组成的屏风可以变成3把高靠背餐椅。

每块屏风都有一个木制框架以及与框架长度
相等的插槽，轻质门板可以在插槽里上下滑
动，折叠成椅子。

定制设计

出自丹尼尔·米尔什坦的设计，
名为"屏风椅"。

由丹尼尔·米尔什坦设计

用简单的办法解决

哪怕只是几根钢条或木制长竿，也可以成为最简单的分隔物。

保持宽敞的感觉

挂上落地长竿既能分隔空间又能保持房间的完整感。

由迈克·辛克莱拍摄，由赫夫特设计

24 从日式推拉门借力：

创造优雅的私密性

客厅里的客房

假如你需要一间偶尔使用的客房，可以考虑把它变成客厅的一部分，并用滑动的障子①进行分隔。当障子滑动，形成一面墙后，它们就能为你的客人提供很好的私密性。

大部分时间敞开

当障子滑动收起后，空间神奇地开放了。大部分时候，你给客厅增加的是一个额外的空间，但又不会因为增加了这个额外的功能区而使客厅显得局促。

障子关闭：为睡眠区域提供私密性

由罗伯塔·桑德伯格设计，室内装饰由 Sager & Associates 提供，由哈米什·尼文拍摄

① 障子：日本房屋用的纸糊木制窗门。——译者注

障子打开：客厅区域获得更多空间
由威兰·格莱希拍摄

我的故事

我买下这间位于开普敦的小公寓数年之后，得到当地政府允许，在公寓的后部进行扩建，将它的面积从60平方米增加到98平方米。通过合理利用空间，原来一室一卫的公寓变成了三室两卫的公寓。这是新的睡眠区域之一，位于客厅，通过落地的滑动障子进行分隔。

25 从天而降的卷帘：

隔出更多私密空间

避开地板

隔断不一定都在地面上，卷帘（或遮光帘）可以从天花板上拉下来隔断空间。

必须结实耐用

用作空间分隔物的遮光帘必须由厚实耐用的织物制成，在底部缝入一根金属条，增加必要的重量。

用作投影幕布

卷帘隔断的一个好处就是，当你需要一块投影幕布的时候，你就有了现成的家庭影院。

巧妙的设计案例

中国的B. L. U. E. 建筑设计事务所设计的这个小型空间位于北京的一个胡同里。整套房子的面积只有24平方米！床垫收起来后会露出一张弹出式餐桌和长椅。卷帘拉上去后就是就餐区域，放下来后就是睡眠区域。

本页及下一页照片由 B.L.U.E. 建筑设计事务所拍摄

床与边柜

私密的床

床与工作台和凳子

餐厅与工作台和凳子

26 之字形墙：

给每个孩子一个独立空间

对于孩子来说，空间的大小不是最重要的，空间的独立和私密性才是最重要的。

把海绵橡胶床垫切成合适大小

如果你的卧室太小，放不下标准尺寸的床垫，那不是问题。家得宝或其他零售商都可以把泡沫橡胶切掉102毫米左右。躺倒的孩子没有两米那么长。

使用板墙隔断

使用能够轻易拆除的隔断，因为你可能不会永远喜欢这种空间布置。假如你要卖房子，新房主也许不喜欢有隔断的卧室，但它可能会使房子增值。

ⓐ 床

在这个方案中，一个孩子拥有一张普通的床，床下带有抽屉。另一个孩子拥有一张在壁橱上方的阁楼床。为了避免两个孩子争抢，就让大一点的孩子睡阁楼床，因为他（她）掉下来的可能性更小。

ⓑ 书桌

右边这幅插图展示了一张固定在墙上的长条书桌，壁橱后方也是桌面，中间有一个隔断。

ⓒ 储物

嵌入式壁橱是背靠背排列的，带有搁板和挂衣杆。在这个案例中，每个壁橱都是1 219毫米宽，1 219毫米高，508毫米深。除了壁橱和床下的抽屉，你还可以在墙上安装挂钩，用来挂夹克衫、帽子和背包。

ⓓ 内部窗户

为了增加乐趣，在之字形隔断上开扇窗户，让它变成孩子们聊天的秘密通道。当他们不想和对方说话的时候，关上窗户就行。

ⓔ 外部窗户

假如卧室里没有两扇窗户，你需要再加一扇。假如卧室里有一扇大窗户，你可以把它改成两扇一样大的小窗户。之字形隔断的两边必须都有充足的通风。

ⓕ 门

尽管隔断很灵活，也能拆卸，你还是要增加一扇房门，使房间的分隔更完整。即使你拆除了之字形隔断，这扇门也可以保持原样，锁上就行。

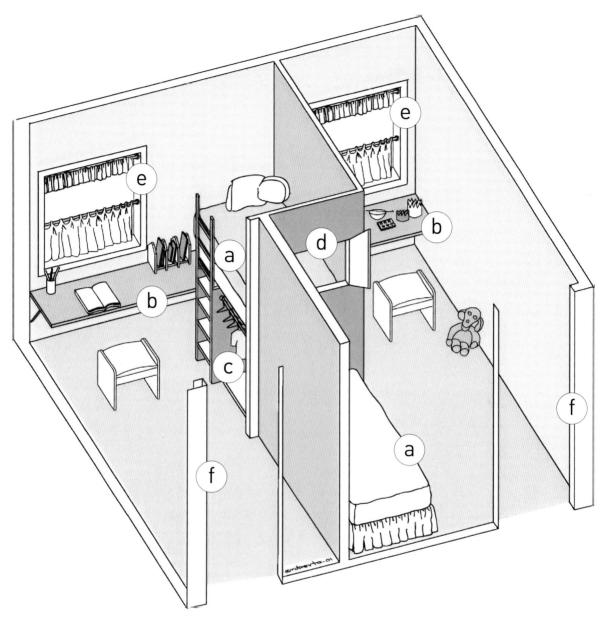

由罗伯塔·桑德伯格设计并绘制

我的故事

当我们刚到南非的时候,我的女儿玛戈在一所每周接送一次的寄宿学校上学。周一早上我把她送到学校,周五下午再接回家。两年后,当这所学校不得不关闭宿舍时,为了不让女儿离开她喜欢的学校,我同意让她每周五天和她最好的朋友芙蕾住在一起,芙蕾的家在学校附近。芙蕾的妈妈把一间卧室进行了分隔,好让两个女孩都有属于自己的私人空间,这个设计就来源于她的灵感。

U 形墙：
掏出一个化妆间

用深度营造私密性

单间公寓或者青年公寓一般有一间凹室，可以用作睡眠、学习或用餐的空间。有些人选择把这个空间完全关闭起来，有些人愿意让它保持半开放状态。图中展示的有一定深度的U形墙为睡眠空间提供了额外的私密性。

利用两边的额外空间

这里的U形墙提供了额外的空间，睡眠区域的U形墙内放了一张梳妆台，客厅的U形墙外放了一张书桌。

在墙上装镜子

为了达到不同寻常的"欺骗眼睛"的效果，在凹室隔断的三面墙上装上镜子，从视觉上延展了空间（请见第十一章）。

我的故事

我的女儿已经长大成年，居住在曼哈顿的一所单间公寓里，和我只隔了一个街区。她的公寓里有一个U形墙，把一张大号床隐藏在客厅里，隔断两端是开放的，可以轻松进出。这个U形墙内放了一张梳妆台，墙外放了一张书桌。组成"U"字的三面墙上都装了落地的镜子。

床一侧的视角

客厅一侧的视角

由阿德里安·威尔逊拍摄

28 可移动墙：

让开间变身一室一厅

在你需要的时候，一面可移动的墙能让一间单间公寓变成一室一厅。

这栋位于纽约的单间公寓由 Michael K Chen Architecture 公司设计，里面同时容纳了多种功能空间，比如娱乐区、睡眠区和衣帽间。

关闭状态

当滑动隔断关闭，紧靠在远端的墙上时，你会拥有一间宽敞的工作室或家庭办公室。

半开状态

当你把移动墙滑动到一半的位置时，会出现一个带镜子的衣帽间，里面有壁橱和内置抽屉。

全开状态

当移动墙滑到客厅一侧后，可以拉下一张墨菲床，变成一间舒适的小卧室。

双面屏幕

通过设计，在这面滑动隔断墙的两侧都可以看电视或其他媒介。

床收起后出现的衣帽间

照片由 Michael K Chen Architecture 提供

29 迷你浴室:

它能挽救你的人际关系

分享可能是压力

分享一间浴室可能是一种压力，即使是和你最爱、最亲近的人。一间独立出来的浴室，无论多小，都可能成为你是否接受别人与你同住的决定性因素。

注意：不适合大块头

壁橱里的浴室是很小的。你可能不需要屏住呼吸侧身进入，但走进走出时一定要小心。

移门

这里应该没有空间让你装普通的双开弹簧门。无论有没有墙内凹口，移门都是最佳选择。折叠门是第二选择，但必须有安全锁。

---

a 加高

在门口位置加高门槛，好让改造后的卫生间正常排水。

b 地板表面

我建议使用防滑地板，比如游泳池内使用的橡胶地垫。别用瓷砖，在这么小的空间里滑倒的话可真够呛。

c 坐便器

一个坐便器宽度为483毫米，一般人的宽度则略小一些。一个宽度为约610毫米的空间正好能容纳你和坐便器，就算没有多余的地方放置卫生纸盒也无所谓。

d 卫生纸盒

可以买一个小物件挂在水箱侧面存放卫生纸，能放下一卷或多卷卫生纸都行。你可能要花些时间习惯，但总比把卫生纸放在地板上好。把它挂在水箱侧面，不需要任何墙壁或地板空间，你就有了能放下4卷卫生纸的空间！

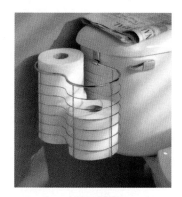

由沃尔玛提供

e 坐便器上方的空间

我建议在坐便器上放一个纸巾盒，再在上方架一块搁板用来放毛巾，然后在搁板上方放置一个柜子用来存放医药用品（温馨提示：使用坐便器后，冲水时请记得放下坐便盖）。

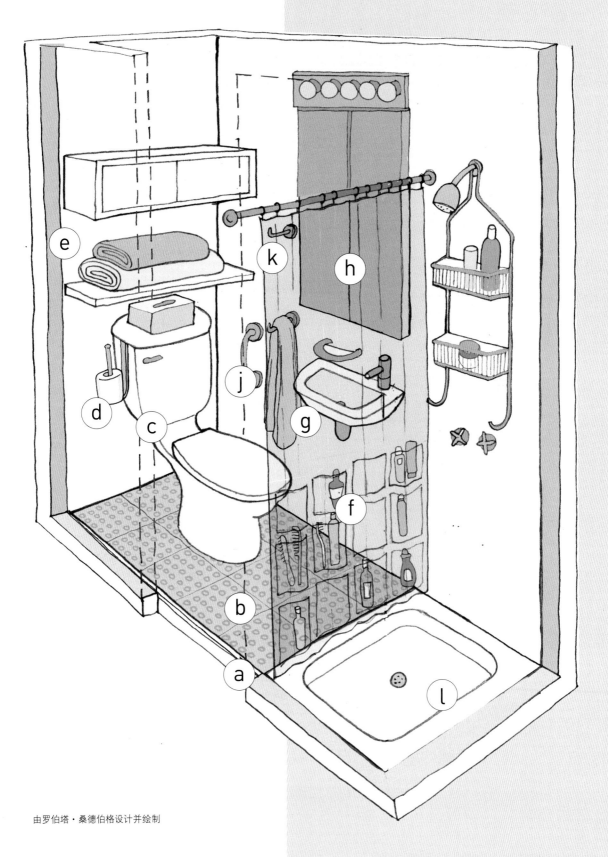

由罗伯塔·桑德伯格设计并绘制

f 有口袋的浴帘

可以买有口袋的浴帘放置小东西。当两个
（极瘦的）人要同时使用这间浴室的时候，
这种浴帘也能提供一些私密性。

g 洗脸池

买一个你能找到的最小的挂墙式洗脸池，
它伸出墙面的距离不能超过229毫米。在
一个610毫米深的壁橱里，剩下的距离只
有381毫米了。屏住呼吸，你正好站得下。

h 洗脸池上方的空间

我的建议是，放置一个高度到达天花板的
药品柜，带镜面柜门和内置灯光。你不能
给洗漱用品留太多空间。

i 坐便器—洗脸池组合

可以使用洗脸池、坐便器一体式循环设
施，洗脸池的水直接用来冲马桶，这样既
能节约空间，又能节省几千升水。

现在市场上有不少这样的一体式产品。

j 安全扶手

在坐便器附近的墙上安装一个安全扶手，
淋浴房里也安装一个。安全第一。

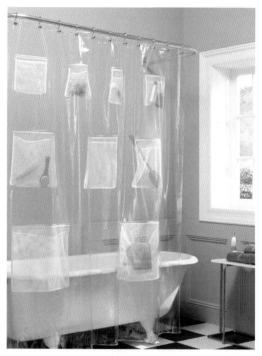

由 Maytex 提供

由 Vilas 提供

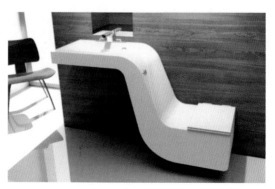

由 Alvaro Ares 提供

k 毛巾挂钩

这个空间里可能放不下毛巾架，那就在洗脸池边和浴室门上放几个毛巾挂钩。假如浴室装的是双开弹簧门，你就可以用合页式的毛巾挂钩。亚马逊网站上还有一种可挂多条毛巾的挂钩。相较于毛巾架，毛巾挂钩的一个好处是，你不用叠毛巾了。

毛巾挂钩照片
由 Organizelt 提供

l 淋浴地台

淋浴房的地面部分叫作淋浴地台，你可以在网上订购。如果盥洗室里放不下标准尺寸的淋浴地台，你就需要定制一个了。

消失的淋浴门

我们可以在市场上买到折叠的淋浴门，这种门折叠后即可紧靠墙面。你还可以定制镜面淋浴门，这样淋浴间就成了更衣间。

通风

必须安装一个排气扇。

由 Duravit AG 提供

我的故事

我曾经重新装修过南非开普敦的一座房子，主人是一对刚生了孩子的年轻夫妇。和许多老房子一样，这座房子虽然有三间卧室，但只有一间浴室。这对夫妇雇了一位保姆之后，情况更加混乱了。他们使用盥洗室的时间总有冲突，很显然他们急需第二间浴室，但是房子里的空间不够了。我能找到的唯一的机会空间就是主卧室里唯一的一个壁橱，这个空间很狭长，和房间等宽。夫妇俩最终同意贡献出这个壁橱，将其改造成一个套房浴室。经过我的设计，一边放坐便器，另一边放淋浴房，当中放一个狭窄的洗脸池，正对门口。这对夫妇很幸运地找到两个精美的古典衣柜存放衣物，结局很圆满。

废空间改造：

家随着人生状态改变

随着生活的变化改变你的家

生活中的变化会给你的家带来很多变化。

例如，当以下情况出现，你可能会改变家的格局：

— 成年子女离开家

— 成年子女回家

— 父母需要房子住

— 你需要家庭助手

出于经济原因改变你的家

许多人为了留宿长期租客或短期房客而改造房子。留宿短期房客（比如通过爱彼迎平台）的话，你需要更换家里的纺织品，可能还要提供咖啡、茶和点心，但这会带来丰厚的利润。

为了使房产升值而改变你的家

你自己也许不需要额外的客厅空间，但假如你计划卖掉房子，房产中介可能会建议你把家中的某一部分改成一个独立的房间。增加的房产价值通常比改建费用高很多，尤其在你愿意自己完成一部分改建工作的情况下。

最适合改变的空间：	最适合分隔的空间：
— 壁橱	— 至少有两间浴室的房子
— 门厅	— 有两个入口的房子
— 主卧室	— 有一个门厅的房子
— 车库	
— 阁楼	
— 地下室	
— 保姆房	

30 阁楼变公寓：

只当储藏室就太浪费了

阁楼很适合改成公寓，但需要特别注意建筑规范和通风。

可能出现的问题：

- 入口和出口
- 天花板高度
- 地板的声响
- 通风和隔热

搞清楚入口和出口的设置

有些建筑规范规定，为了消防安全，房间必须有两个出口，比如第二个楼梯或一扇窗户。而且要求楼梯的宽度必须达到标准的900毫米。

考虑一下天花板高度

建筑规范通常要求楼梯净高约2米。有的还要求生活空间净高约2.13米，大于6.5平方米。这意味着你的阁楼只有一部分可以被合法地改造，不过低矮处可以用来储藏物品。

修补嘎吱作响的地板

阁楼地板通常需要增加地板托梁进行加固，以免发出吱吱嘎嘎的声响。最好的办法是，在铺装地板或地砖之前先铺一层由胶合板制成的底层地板。

安装通风和隔热设备

阁楼会格外热和湿，两端都有窗户的话会增加空气对流，但你还是需要空调或电风扇。在屋顶和墙体内加一层喷雾泡沫隔热材料就能降低供暖和制冷的费用。

把斜屋顶当作装饰

阁楼的斜屋顶会限制空间的高度，但它也能成为一个有趣的设计主题。

由特伦斯·托朗谷拍摄，Tact Design 设计

一室一厅变双人公寓：

把壁橱改成浴室和迷你餐吧

即使是一间卧室，也能改造成一间独立的公寓。

需要找到：

- 可以改成浴室或迷你厨房的壁橱
- 一个可以通往两间公寓的门厅
- 可以用新壁橱替换旧壁橱的一面空墙壁

壁橱改成浴室

起居室壁橱变成较大的那间公寓的浴室。

壁橱改成厨房

卧室壁橱变成较小的那间公寓的厨房。

睡眠区的隔断

在原来的客厅里，一面隔断墙隔出了新的睡眠空间。

门厅变成入口

原本位于起居室和卧室之间的门厅变成进入两间公寓的入口。

新壁橱

每间公寓里的新壁橱都取代了被改造的壁橱。

> **我的故事**
>
> 我的公寓楼里有位邻居是单身女性，她想赚取额外收入，于是请我为她绘制改造方案，好让她的公寓能容纳一位租客。她的公寓只有一间卧室、一间浴室和一扇入室门，但是在客厅和卧室之间有一个很大的门厅。这成为改造计划的关键：门厅成了进入两间新公寓的共同入口。客厅的一个壁橱变成一间浴室，卧室的一个壁橱变成一个迷你厨房，门厅和客厅之间装了一扇门，增加一个隔断形成睡眠区域。

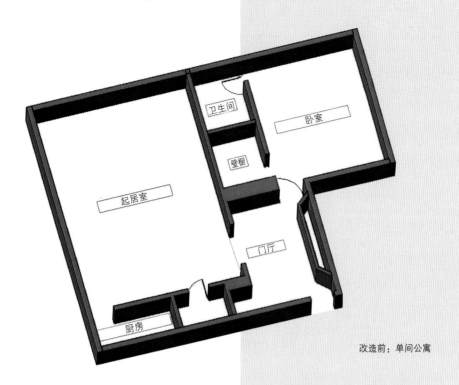

改造前：单间公寓

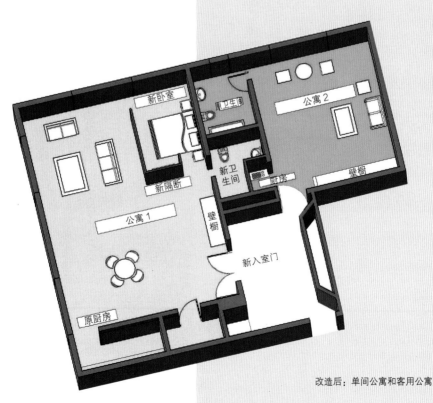

改造后：单间公寓和客用公寓

由哈菲兹·奥马尔·沙菲克绘制

32 门厅变套房：

在壁橱里生活

把所有东西放进一个长长的壁橱

一个又长又深的壁橱至少要占房间宽度的一半，另一半可以打造一条通往壁橱的走廊。

所有东西都能滑进滑出

设计成瑞士军刀那样，每样东西都能滑进滑出。比如：

● 一个可以滑出来的书架，同时是通向睡眠阁楼的楼梯。

● 一张可以滑出来的餐桌，以及能够折叠放置在餐桌下方的椅子。

● 可以滑出来的壁橱和抽屉柜。

把浴室设置在角落里

一间与滑动壁橱深度相同的小浴室可以成为滑动壁橱的延伸。

把厨房设置在浴室和入户门中间

可以在浴室和入户门中间的窗户下方设置一个带有折叠台面、水槽和炉灶的厨房。

案例

保姆房在美国已经很少见了，不过在欧洲房屋的顶楼还有。图中展示的改造案例是巴黎的一间 8 平方米的小型保姆房。由 Kitoko Studio 设计。

由法比耶纳·德拉法耶拍摄，Kitoko Studio 设计

壁橱门厅

睡眠阁楼

滑动衣柜

餐桌椅

书架兼楼梯

浴室角落

33 车库变公寓：
增加房产的价值

租客还是汽车？

你最需要什么，额外的收入还是给你的爱车一个家？这可能是个问题。你会理智地做出决定，你的车可以睡在马路上，而你很可能不行。

最佳尺寸

一个容纳两部车的普通车库大约为45平方米，这是一间小公寓的最佳大小。

也可以考虑在车库上方建公寓

更有野心的方案是，拆掉车库的房顶，在上方建第二层房屋，用来出租。

利用车库门

如果决定保留车库的开口，你可以装上漂亮的双开门。如果不保留，你就必须让开口保持关闭状态，做好隔热，并把边缘封上。还有一种选择，就是在其中一个开口处安装一个巨大的飘窗。

装上外墙

如果拆除了车库门，你可以在开口处装上覆盖了石膏板的框架墙。为了降低供暖和制冷的费用，可以在墙内侧安装隔热材料或玻璃纤维。

装饰内墙

先刷墙，后装地面材料。从上到下刷：先刷天花板，再刷墙面。一台高压喷漆机可以节省至少2/3的刷墙时间。

获得许可

改造之前，查一下当地的土地使用区划法规，看看需要获得哪些许可。至少，你需要获得布置电线和安装管道的许可。房屋经过建筑检查员的检查之后才能出租或入住。

供暖和制冷

通常需要购买单独的加热器和空调，但你也可以让新空间连接到你家的温度控制设备上。将这些设备的每日耗电量与现有的供暖和制冷账单做对比后，你可以判断哪种方式更省钱。

安装电线和管道

你至少需要4个电源插座和独立于原房屋的管道。浴室和厨房靠近新空间与原房屋共用的一面墙。电线和管道铺设得越长，费用越高。

装饰地板

添加薄薄的一层混凝土给地面找平，使用车库地板清洁剂进行清洁。安装踢脚板，填塞墙壁与地板的缝隙。刷完墙壁和天花板后，建议再清洁一次地面。使用瓷砖或乙烯基地砖，不建议在车库里使用全屋地毯。

由贝丝·达纳设计

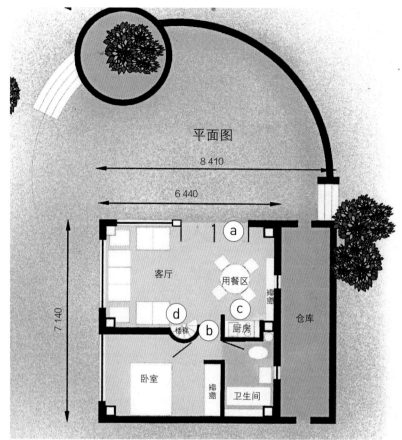

平面图

8 410

6 440

7 140

客厅

用餐区

ⓐ

ⓒ

ⓓ

ⓑ

楼梯

厨房

卧室

仓库

卫生间

（单位：毫米）

由罗伯塔·桑德伯格设计，亚历克斯·诺布尔绘制

改造车库的小贴士

ⓐ 没有玄关

为了节省空间，我设计的小屋没有正式的玄关。你可以从院子里直接进入开放式的客厅区域。

ⓑ 没有过道

你会直接穿过客厅来到一个凹室，它的后方有两扇门，一扇门通往卧室，另一扇通往浴室。我们不需要过道。

ⓒ 没有真正的厨房

双门后有一个壁橱大小的凹室，里面藏着一个带浅储物篮筐的迷你厨房（请见第一章）。

ⓓ 加一个阁楼卧室

高高的屋顶让卧室和浴室上方有空间架一个睡眠阁楼，我为这个阁楼建造了一个以一根铁杆为中心的螺旋式楼梯（请见第五章）。

我的故事

我在南非买下房产时，还不知道里面有个车库。车库靠近后围墙，表面覆盖着藤蔓。清除了藤蔓后，我发现它的结构很好，有厚厚的石头柱子和一个有坡度的茅草屋顶，面积和一个大单间公寓差不多。我感觉它能变成一个完美的小屋，问题是怎么筹措建造它的钱。一辆亮红色轿车带来了问题的解决办法。从车上走下来一位漂亮的年轻女性，她披着乌黑的长发，用很重的口音说："我很喜欢这个地方，我想住在这里。"她叫萨拉，一位来自莫桑比克的葡萄牙籍难民。她和她的男朋友瓦斯科搬进了我家，我用他们交的房租建造了我的小屋。我找到一位很棒的非洲建筑工人，名叫扎查利亚，他说他什么都会造。他年纪很大，动作很慢，但这很符合我的节奏。我手头有钱的时候才订购建筑材料，一共用了近一年时间才完成小屋的建造。小屋造完以后，我和我8岁的女儿搬了进去，我睡在阁楼上，女儿睡在下方的小卧室里。它就像美国苏荷区的一个阁楼公寓，只不过屋顶是茅草做的。

由 D. 艾伦·SA 拍摄

34 把房子一分为二：

为家人或收入而分隔房子

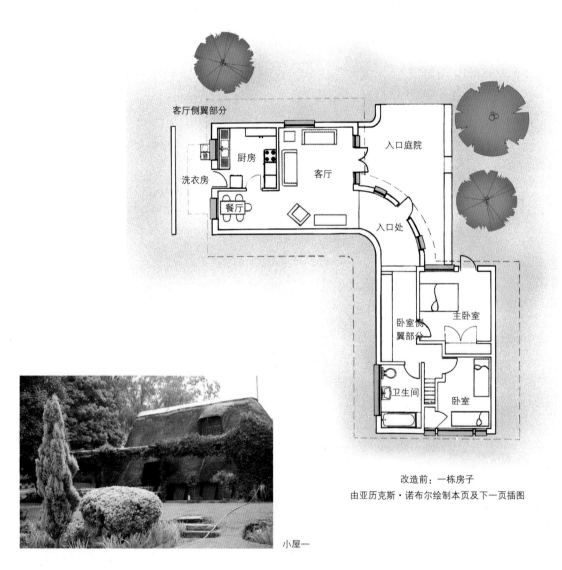

客厅侧翼部分

厨房

洗衣房

客厅

入口庭院

餐厅

入口处

主卧室

卧室侧翼部分

卫生间

卧室

改造前：一栋房子
由亚历克斯·诺布尔绘制本页及下一页插图

小屋一

我的故事

把车库改成一间小屋后，我决定把房子分隔成两个独立的单元。房子的平面图是一个"L"形，很适合分隔。客厅、厨房区域变成一个单元，卧室、浴室区域变成另一个单元。我计划把车库改造的小屋出租，并搬进房子里的客厅、厨房区域。厨房上方布满灰尘的阁楼成为我的睡眠区域。我拆掉了一面高墙，灰尘堆成了小山，不过，这里变成了一个充满魅力的空间，地板还没铺完我就迫不及待地想在上面睡觉了。

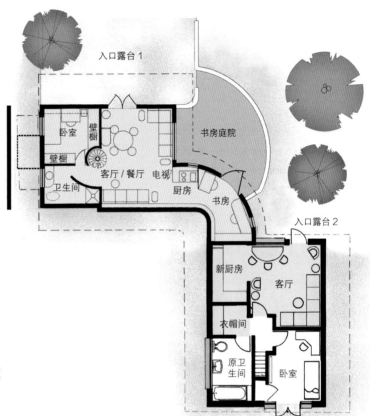

入口露台1

书房庭院

卧室

壁橱

壁橱

UP

卫生间

客厅/餐厅　电视

厨房

书房

入口露台2

新厨房

客厅

衣帽间

原卫生间

卧室

改造后：两座小屋

小屋一：

● 厨房上方的**阁楼**变成**卧室**

● 有户外门的**厨房**变成**卧室**

● **小餐厅**变成**浴室**

● **入口门厅**变成一间**家庭办公室**

小屋二

小屋二：

● **主卧室**变成**客厅**

● **走廊**变成**厨房**

● **浴室、卧室及阁楼楼梯**保留原样

倒霉的是，起床后我从地板没铺完的一侧直接掉进了新浴室里！幸运的是，第二个小屋改造起来更容易。我只是拆掉了主卧室和走廊之间的墙；去掉走廊后，卧室变成了客厅。后部的卧室、浴室和另一个阁楼仍保留原样。因此这一间只需一个多月便能出租。给第一个小屋装完坐便器后，我立即搬了进去，并用出租房子的收入完成了改造。

35 把一间公寓一分为二：

改变壁橱和过道

改造前：一间单卧室公寓
由亚历克斯·诺布尔绘制

我的故事	在南非住了20年后（在那儿给几座房子做了分隔），我搬回纽约，寻找一间能让我做分隔的曼哈顿公寓。很幸运，我找到一个单卧室大公寓，它有两个卫生间和两扇入户门。我买下它以及所有的家具，并打算把它分隔成两个单间公寓。我通过黄页（分类商业电话号码簿）找到一位出色的木匠，名叫扎克·沙利文，他把一个步入式壁橱改成了厨房，把一个双开门壁橱改成了墨菲床，把一个过道改成了新壁橱。以下是改造情况：

改造后：两套面积相当的单间公寓

由亚历克斯·诺布尔绘制

改造壁橱

找到可以改成迷你厨房或浴室的壁橱。

ⓐ 过道变成壁橱

客厅和卧室之间的过道改为两个壁橱，它们也成了两个公寓之间具有隔音功能的分隔物。

ⓑ 步入式壁橱变成厨房

原客厅的吧台里有冰箱、台面、抽屉、玻璃架子和一面装有镜子的后墙。所以把这个吧台搬进步入式壁橱后，只需要再添一个水槽、炉灶和电源插头就能变成单间公寓里的新厨房了。

利用过道

找到有出入、储藏或分隔功能的走廊。

ⓒ 单人床变成矮沙发

卧室里的特大号床被分成两张单人床，成为另一个单间公寓里的长沙发。

ⓓ 壁橱变成墨菲床

卧室里的一个双开门壁橱变成一张墨菲床（请见第一章）。门的一边装了合页，当床放下来时，门可以展开，将床与公寓里的其他空间隔开。

5

叠加的魔术：

别忘了上面的风景

上空使用权

纽约房产开发者谈到的"上空使用权"指的是一座建筑上空的空间使用权。巧妙运用《物权法》时，这些空间可供买卖，以使其他建筑获得额外的楼层空间。

寻找垂直空间

这一原则同样适用于你的房子或公寓。地面面积是有限的，但是你还拥有宝贵的垂直空间。你只需要找到它。

把东西堆叠起来

想想双层床，孩子们睡的那种双层或三层床铺。同样地，你可以把床或游戏阁楼叠在书桌上方，把桌子叠在另一张桌子上方，把书架叠在窗户上方，或者把床叠在厨房上方。

36 书桌上方的游戏屋：

工作带娃两不误

保证幼儿安全

假如孩子出生后你在家工作，就可以在书桌旁边放一个游戏围栏。不过婴儿很快会长成蹒跚学步的幼儿，你可能会在后退时意外地撞倒在地上爬来爬去的小孩子。你需要一个既能看到孩子，又不让他（她）太靠近你椅子的地方。游戏阁楼也许正合适。

成为工作伙伴

小孩子们喜欢长大的感觉。所以，当你在阁楼下面工作时，他们可以在阁楼上面做自己的事。你的视线离开电脑，朝上看一眼然后对他们微笑；他们的视线离开涂色书，朝下看着你并挥挥手。有了游戏阁楼，你和你的孩子可以变成工作伙伴。

别撞到头

在游戏阁楼下方你无法站直，所以站起来之前你要向后退。这需要练习练习，不过你迟早能学会后退和起身一气呵成，并且不会撞到头。

在下面放一张床垫

蹒跚学步的孩子总有一天会自己上下阁楼的梯子，所以在底部放一张厚一些的褥垫。

现成品

许多所谓的"阁楼床"在床下方配有一张书桌。如果使用这样的产品，你需要添加一些东西，比如安全门和墙壁或地面支架。从商店里买到的产品并不都是完美的，但总比从头开始制作要好，有些成品甚至装有楼梯和滑梯。

或者自己动手做

假如你手很巧或者有个手巧的丈夫，你可以自己搭建一个游戏阁楼，需要用约101毫米×101毫米的支柱、约51毫米×152毫米的地面托梁，以及约19毫米厚的胶合板。还要在角上增加约51毫米×51毫米的支撑装置，在地面上用角钢做额外支撑，再增加一条挡板做装饰。这里有几个小贴士：

ⓐ 地面装饰

游戏阁楼的地面铺上柔软的地毯或薄薄的一层橡胶垫。

ⓑ 灯和插头

装在游戏阁楼底部的灯能给你的书桌提供良好的照明。你也可以安装吊灯，但千万别在游戏阁楼上孩子们够得到的地方装壁灯。这一点同样适用于电源插座。

ⓒ 梯子

一开始你可能会抱着孩子上下梯子，所以梯子一定要够结实，踏板至少要25毫米厚，踏板之间相隔的距离不要超过254毫米。要确保从上到下都安全。

由罗伯塔·桑德伯格和亚历克斯·诺布尔绘制

d **围栏**

确保围栏表面光滑，甚至可以把婴儿床围栏罩子套在上面。用小块角钢把围栏固定在一面或多面墙上。

e **安全门**

在梯子顶端安装一扇安全门，锁上它。

37 书桌上方的床：
找回大学时的感觉

现成品

零售店出售这种便于安装的独立家具。图中展示的结构紧凑的家具来自陶瓷谷仓家居公司的品牌"PB青少年"，上方是一张床，床边有一架梯子，床下是一张狭窄的桌子和书架。

自己动手做

业余爱好者会借鉴大致的灵感，然后自己动手用胶合板打造一套这样的书桌床。

最适合青少年

这种产品的销售对象主要是青少年，因为他们喜欢可以独处的私人空间。

产品照片由品牌"PB青少年"提供

满足不同年龄阶段的需求

儿童可以用

这是教会儿童整理自己东西的有趣方式，只需要保证梯子便于他们爬上爬下。

更适合青少年

壁橱床为青少年提供了一个很大的衣柜空间（衣服可以挂起来、叠起来），台阶抽屉则提供了额外的储物空间。

产品照片由 Foter 提供

多功能的一体化卧室

在紧凑的空间里创造私密性

你家里的每个人都需要一个私人空间，尤其是青少年，不过不一定是一个完整的房间。它甚至可以小到装在一个凹室甚至过道里。草图上显示的空间不超过1.8米×1.8米。

● **床垫**

如果放不下一张双人床尺寸的床垫，就按照你家孩子的身高订购一张102毫米厚的海绵橡胶床垫。网上可以买到。

● **找到标准的家具组件**

宜家家居及许多零售店都有小型橱柜、书桌和书架。

● **封闭书桌背面**

为了安全，在书桌背面加一块木板（插图上未显示）。

● **找一位杂工**

你需要一位杂工兼木匠把它们组装起来：在床下安装壁橱底座，壁橱一边装一扇门，书桌背后装一块板，再装一个小楼梯或梯子。

把生活集中在房屋一侧

让服务空间更紧凑

在开始改造之前，最好保证所有的服务型空间（浴室、厨房和壁橱）尽量压缩在公寓一端的小空间里。

查看天花板高度规定

你要查看当地市政府是否把厨房或浴室视为有最低天花板高度要求的生活空间。如果没有规定，你要尽量降低厨房或浴室的天花板，从而确保阁楼有足够的高度。

习惯低矮的睡眠区域

假如无法降低睡眠阁楼下方的天花板高度，你就得适应一个连坐都坐不直的低矮空间。不过，谁会在睡觉的时候坐起来呢？（如果真的担心撞到头，可以戴个头盔。）

在楼梯上安装壁橱

如果有足够的空间，额外的壁橱（进行改造的时候也许会减少一些）最好造在通往阁楼的楼梯上。

安装条形厨房

如果你能改变厨房的布局和位置，最佳方案是在阁楼下方安装一个条形厨房，装上窄窄的折叠门，将厨房隐藏在客厅区域。

使用白色墙壁

把所有东西都刷成白色会使空间产生扩大和统一的效果。

案例

这些照片拍摄于一间约28平方米的公寓，由西班牙建筑工作室Beriot，Bernardini设计。

由 Beriot，Bernardini 建筑工作室设计，由 Yen Chen 拍摄

41 房子小得连床都放不下：

试试睡在橱柜上

利用上方壁橱空间

许多单间公寓的厨房出奇地大，假如你是一个常点外卖的单身人士，你就不需要这么大的厨房。所以，利用上方橱柜空间就可以解决"我把床放在哪里"的问题。

- **把床和橱柜排列在一起**

  厨房台面上方的浅柜底部通常是很合适的床顶高度。可以把它们排列在一起，看上去就像一个整体。

- **床下方用来储物**

  你可以利用床的下方储物（把衣服挂在竿子上或者折叠放在架子上），但是别从厨房这一侧进入，从其他侧面进入。

- **创造一个隔断**

  至少厨房一侧需要一个隔断来阻隔食物的味道和可能产生的油烟。你可以使用和这个案例中一样的玻璃，不过窗帘会增加私密性。

- **使用平台**

  为了更方便上下床，使用架在平台上的短梯，不要直接从梯子爬到床上。铺床也会变得更容易。

> **我的故事**
>
> 当我在南非做设计实践的时候，有一位客户让我重新设计一个新建住宅区房屋的平面图，以便他成年的儿子来看他时有地方住。房子很小，卧室也一样，我找到的唯一能做睡眠区的地方就是厨房上方。所以我在厨房上方设计了阁楼天花板，在客厅（或者叫起居室）一侧装了一段楼梯。房屋建造者接受了我的设计，把阁楼的费用作为房价的额外收费项目。过了一段时间，我惊讶地发现，开发商在可售房型目录上加了一个"厨房阁楼房型"。

由卡琳·马茨设计并拍摄

在斯德哥尔摩中心地区的这个开放式单间公寓里，设计师卡琳·马茨使用宜家家居的标准家具组件把厨房橱柜装在床架凹室里。一块透明的玻璃把床与厨房区域隔开，不过窗帘会增加更多私密性。这个设计灵感为"在床上吃早餐"带来了新的意义！

42 把桌子叠起来：

人多人少都能从容应对

存放"偶尔用一次"的东西

"会交际"意味着你会突然需要一些额外的东西给客人用：桌子、椅子，也许还要一些瓷器。这些物品很少用到，你会觉得把它们储藏在橱柜或壁橱里有些浪费空间。

ⓐ 玻璃桌下的有机玻璃桌

你可以从一家名叫Plexicraft的公司买到定制的有机玻璃桌。桌子之间至少留出51毫米的高度，让你能轻松地把它们拉出来。

ⓑ 把报纸存放在不易积灰的地方

桌子之间的狭窄空间可以用来存放报纸和杂志。如果桌子是玻璃或有机玻璃材质的，你就能看见放了什么。

ⓒ 把椅子用作脚凳

没有客人使用时，坐垫椅可以用作沙发边的脚凳。

ⓓ 把装饰瓷器放在桌子下

在玻璃桌下方存放精致的瓷器，确保安全、方便拿取。

ⓔ 使用叠加的边桌

低矮的叠加桌子可以成为额外的桌椅，放在沙发周围舒适的区域里。

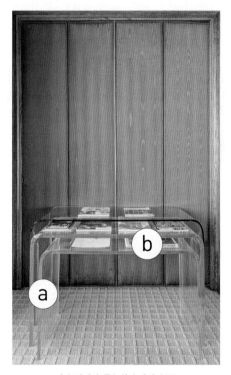

有机玻璃桌叠加放在玻璃桌下
由阿德里安·威尔逊拍摄

地面坐垫椅叠加放在玻璃咖啡桌下

由阿德里安·威尔逊拍摄

由 Greenington 提供

43 天花板附近的书架：

低成本、高颜值储物空间

作为统一元素

天花板附近的书架给你的生活空间增添了富有装饰设计感的统一元素。

作为低成本储物空间

位于头顶上方的架子是你家里房租价值最低的地方。这里最适合放你很少用到，但又舍不得扔掉的东西。参考第一章《壁橱空间》，在箱子上贴上大标签，以便从架子下方也能看到。

放书和装饰品

几乎每扇门、窗或每面墙上方都有书架空间可以放书和装饰品。

由罗伯塔·桑德伯格和亚历克斯·诺布尔绘制

最省地方的上楼工具

把空间叠加起来是个好主意，但是在楼层之间上上下下需要的并非只有梯子。

使用杆式楼梯

你可以把楼梯装进一个极为紧凑的空间，把一根铁杆固定在地面上，台阶围绕着铁杆，呈螺旋状排列。

购买工厂生产的成品

市场上有一些螺旋式楼梯杆成品出售。

或者自己动手做

你只需要一根钢管，一些支架，有孔洞的厚木板和一根环氧树脂管。

由 Interbau 提供

自制杆式楼梯

a **固定钢管**

用一根比楼层之间高度长914毫米的钢管，把它牢牢地固定在地面上（或插进地面）。

b **标记支撑柱**

按照从一层楼到另一层楼所需要的台阶数划分钢管，并在钢管上的相应位置做标记。每当台阶的中间与标记交叉时，就画一个叉。

c **根据图样制造台阶**

给台阶画一张与实际尺寸一样大的平面图，并在一端剪出一个供钢管穿过的孔。使用51毫米厚的有圆弧形边缘的松木。

d **安装支架和台阶**

在钢管底部的标记位置安装第一个铁支架。从顶端放下一个台阶，并从底部用螺丝固定。一个一个地放台阶，一直安装到顶端。

查看建筑规定

像这样的螺旋式楼梯很可能不符合建筑公寓要求，没有扶手和914毫米宽的台阶梯面就更成问题了。我建议你把这个想法给自己或者一些敢于冒险的客人用。

由罗伯塔·桑德伯格绘制

我的故事

我在南非的一座改造的车库里建造睡眠阁楼时,第一次想到了杆式楼梯。那个空间放不下普通的螺旋式楼梯,而我又不想用梯子,所以我想到了消防员使用的那种杆子,我选择用一根有台阶但没有扶手的杆子。我学会连续爬那些台阶上去睡觉,下来上厕所,有时候一晚上要爬好几次。我能抓住的只有那根杆子!我在上面睡了20多年,一次都没掉下来过。我的小狗"高速"就没这么成功了。自从它摔下来几次以后,它就选择在楼梯底部一个柔软的狗狗床上睡觉了。

由罗伯塔·桑德伯格拍摄

墙壁空间：

好好利用，大有可为

这是有价值的房产

我建议，至少在阅读本章时，你要把家里的墙壁当作有价值的房产，而不是挂照片的地方。

把照片拿下来

如果你家空间紧张，你应该让墙壁服务于更实际的目的，而不是挂照片和海报。你可以把它们挂在天花板上。请见第九章。

在墙壁上挂东西

把椅子挂起来，让你的孩子把玩具挂起来，把浅壁橱挂起来。

在墙壁上造东西

在墙壁上凿出壁龛，用来存放你的书、衣服和艺术品。

45 椅子上墙：

让地面干净起来

让你的生活没有杂物

清除地面上的杂物是崇尚简单生活的震颤派[1]教徒的生活方式。对于其他人来说，这也是一个不错的主意。

清理地面

把椅子挂起来，这样不仅创造了空间，也让地面清洁变得更容易。突然之间，你会发现家里有了来回走动的地方。

利用你家所有的墙壁

你不必只在餐桌附近的墙上钉钩子。在所有墙上都钉上钩子，不管椅子在哪儿都把它们挂起来。一把折叠椅只需要一个结实耐用的钩子。

创造一种设计感

让挂在墙上的椅子形成图案，成为一种有趣的装饰品（右边照片中的椅子是来自日本家具品牌Maruni的广岛椅）。

照片由 BigStock 提供

由 Maruni 提供

[1] 美国基督教的一个教派，崇尚俭朴的生活。——译者注

少挂点不实用的装饰画吧

不要 24 小时占据地面空间

只在吃饭和聚会时使用的餐桌不需要 24 小时占据地面空间。

现成品

市场上有一些可以折叠的挂墙餐桌，桌子背面装有图片或镜子，桌腿可以折起来作为画框或镜框。

可移动

下图产品来自 ivydesign-furniture.com，你既可以把餐桌折起来，也可以把它搬离墙壁以便在周围多放几把椅子。

放下前：墙壁上的镜子

放下后：地面上的餐桌
由韦雷娜·朗设计并拍摄

47 书桌上墙：

小而美的工作空间

在墙上找一个能让你工作的地方

如今你不再需要一间书房，甚至不需要书桌。你可以把手提电脑轻轻地放在任何地方——厨房餐桌，甚至床上。不过，不管这个地方有多小，有一个特定的工作地点会让你在心理上感觉更踏实（请见第一章）。

纸张的藏身之所

安装在墙壁上的折叠书桌在收起来时可以把纸张藏起来，放下时你就可以开始工作了。

购买现成品

挂墙书桌不必自己动手做，你可以买到很多现成的产品。图片里展示的这一款来自法国家具品牌"写意空间"（Ligne Roset）。

照片由写意空间提供，由 Gamfratesi Studio 设计

给孩子留点活动的地儿

自己做或买现成品

把篮子、箱子或桶做成墙上玩具收纳箱，刷上各种各样的颜色，或者购买现成的产品，比如图中展示的这款由杰西·里弗斯设计的产品。

放在靠近地面的低矮处

越容易够到，利用率越高。鼓励孩子自己把玩具收进去。

让孩子帮忙

往墙上装玩具收纳箱的时候，让你的孩子当你的小助手，让他们决定哪种玩具放在哪个容器里。

照片由杰西·里弗斯提供

49 墙上的浅壁橱：

隔夜衣的好去处

在与墙壁平行的地方悬挂衣服

平行于墙壁悬挂衣服的话，对空间的进深没有那么高的要求。只需要少许空间，你日常穿的外套就有地方挂了，像服装店里那样。

用卷帘或窗帘遮挡

不使用门，而是用窗帘或装饰卷帘遮挡你的衣服，它们不怎么占用空间。

悬挂两排

你可以在墙上挂两排外衣，一排在上，一排在下。不过你可能需要一根抓杆来悬挂长连衣裙。

现成品

市场上有一些浅壁橱现成品。随着公寓越来越小，我相信这种产品会越来越多。

自己动手做

你可以自己制作一个进深305毫米的简单胶合板框架作为过道"壁橱"。把短杆垂直钉入墙壁。

添加搁板

手提包和折叠物品也可以放进浅的空间里。搁板可以装在挂杆上方，在壁橱底部加几个搁架用来放鞋和靴子。

把过道变成衣帽间

大部分过道里都能放下一个仅有254毫米或305毫米深的壁橱。这样一来，你就能把一个原本被浪费的空间变成一个衣帽间。

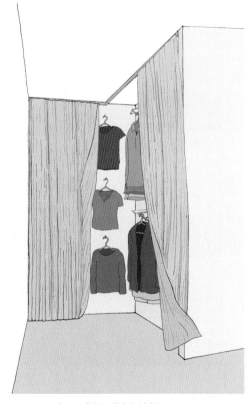

由亚历克斯·诺布尔绘制

我的故事

当我和丈夫把我们唯一的卧室壁橱改成婴儿房后，我们不得不找别的地方放衣服。所以，我们安装了挂杆，把衣服平行于墙壁挂起来，并用窗帘遮挡。在入口门厅处，我们用浅柜挂外套、放鞋子，并用装饰卷帘遮挡。我们用尽了那间公寓里的每一寸墙壁空间。那的确很辛苦，但我们不必急着搬家了。

由约翰·桑德伯格拍摄

50 让橱柜顶天立地：

几乎能塞下所有东西

使用浅搁板

在一排又一排直逼天花板的203毫米浅搁板上，你可以塞很多东西。

把它藏起来

安装在天花板滑道上的折叠门可以把所有东西藏起来。

关上门

打开门

由哈菲兹·奥马尔·沙菲克绘制

我的故事

我丈夫和我在拍卖会上买了一个进深只有305毫米的旧药品柜，放在我们位于格林尼治村的小公寓的卧室里。从袜子、内衣到围巾、手套等各种物品，都在这个柜子里找到了绝佳的容身之处。在柜子上方，我们安装了一排排搁板，在齐天花板处装了折叠门遮挡搁板。当门关起来时，它看上去特别干净整洁。而当门打开后，它更像是一个五彩缤纷的东方集市。

关上门时有灯光照射

打开门，露出灯光和花朵

由约翰·桑德伯格拍摄

51 交通工具上墙：

不用的时候挂起来

不要放在地上

婴儿推车和自行车是比较尴尬的东西，并不值得占据小房子里的空间，甚至不值得放在壁橱里。所以，把它挂起来。

让它更方便

理想的情况是："打开门，抬起手，挂上去。"整个过程必须又快又方便。否则，婴儿推车或自行车还是会放在地上，挡住所有人的路。

利用门背后

如果你在入口门厅里找不到空着的墙面，就可以利用门后。

照片由 Kiddies Kingdom UK 提供

由希蒙·汉克扎尔设计，由杰德泽·斯特马斯泽克拍摄

一面室内花园墙不仅美观，而且能改善房间里的空气质量。除了把二氧化碳转化为氧气，植物还能吸收喷雾剂、织物、地毯、塑料和香烟释放的有害气体。

使用深色墙

在墙上放置深色花盆，与墙壁颜色协调一致。

分层摆放植物

将不同的植物按不同的层次摆放。

少量维护

把多肉植物、地被植物和蕨类植物等放置在墙上。

吸水地垫

在花园墙底部放一张地垫，用来吸水。

由 ZOOCO ESTUDIO Madrid 提供，由奥兰多·古铁雷兹拍摄

53 凿出一片天地：
在墙里安置书和装饰品

利用墙体空间

当建筑墙体比较厚实，且不是与邻居共同的墙壁时，就有机会在墙上凿出存放书、衣服或装饰品的空间。

敲开砖墙

要在砖墙上敲出一个壁龛，就必须使用大锤和角磨机，而且会产生大量砖红色尘土。不过，至少对我来说，这是值得的。

尽量在建造时就做好壁龛

在建造或重新装修房子的时候，你就应该把你需要的墙壁壁龛做好，这比造好房子之后再敲要省钱省力。

由 Tali Hardonag 的建筑师事务所设计

我的故事

我在南非的房子有一个茅草屋顶，这个屋顶的底部落得很低，低到几乎不能靠墙走，所以我没有足够的墙面空间摆放书架。我的解决方法是在房子后部的低矮砖墙上挖出一部分空间。当建筑工人用角磨机切进砖墙时，我都不敢看。火花四溅，我以为茅草屋顶会着火。现场一片混乱，到处都是砖红色尘土。不过，最后墙上出现了一条美丽蜿蜒的藏书带。

并不需要很大

藏在看得见的地方

孩子们喜欢藏在秘密的地方看自己喜欢的书。但有时候没有地方可以藏起来，甚至没有壁橱或角落。图片里书架中间的这个圆圈可能是个藏身处，尽管我们能清楚地看到它。

自己动手做

只要拿走一些书，在书架之间放置一个小孩能钻进去的轮圈或者轮胎，并在里面放上一个舒服的软靠垫。不需要很麻烦就能让孩子喜出望外。

55 睡眠困难户的首选：
在安眠的大海上遨游

欺骗眼睛

把床造在墙里会使卧室感觉更大，也更整洁。就算没人铺床，卧室也能看上去很整洁。

单人床设计案例

这个设计来自比利时的范·斯塔耶室内设计（Van Staeyen Interieur）工作室，它使用了一张大号床、内置搁板以及一个橱柜。

增加一个会消失的台阶

在床垫下方装一个可以从抽屉里拉出来的台阶。这个台阶既方便上下床，不用的时候还可以消失不见。

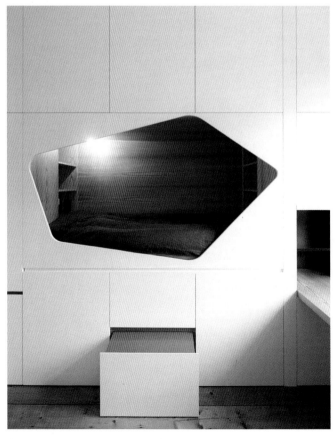

约翰·范·斯塔耶设计，由卢克·罗伊曼拍摄

船舱设计提供的灵感

让床既舒适又安全

建造在墙里的床是一个格外舒适的睡眠空间，你可以舒服地蜷缩在床上，充满安全感。

把它设计成座位空间

床上方的高度可能只允许你坐在上面，而你的腿要垂到低一阶的空间里去。

让它成为孩子的乐趣

你可以把一间普通的卧室改造成一个充满乐趣的房子，在三面墙上打造出船舱里那样的三张床，给三个喜欢冒险的孩子住。到了晚上，孩子们会很开心地爬进他们的船舱床。

三张床设计案例

这个将三张床融入一个小空间的设计来自杰克·里琴斯。

 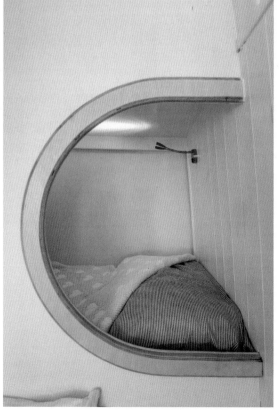

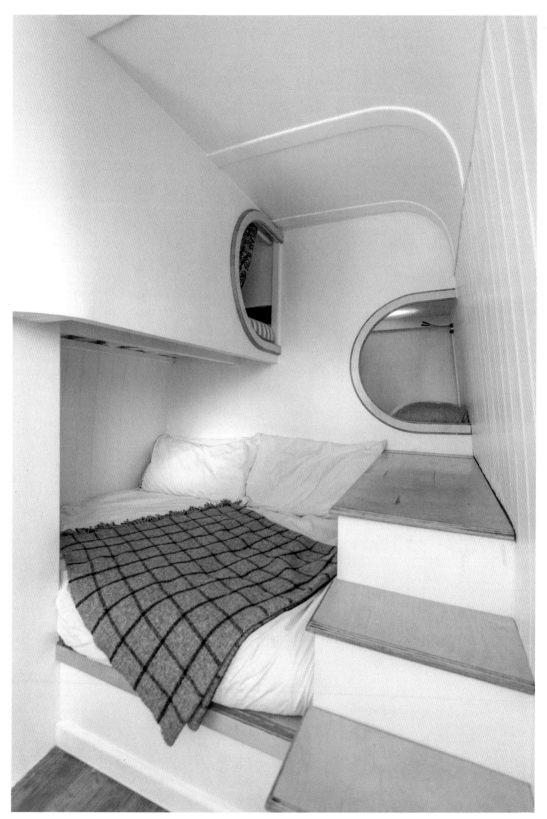

由蒂姆·霍尔拍摄，由thismovinghouse.co.uk的杰克·里琴斯设计

56 墙里的抽屉：

从壁橱里借空间

寻找"死角"

在你的壁橱里，可能会有两根挂衣杆交叉所形成的"死角"，这会让你很难或者根本不可能把衣服拿出来。这就是"死角"空间。

看看壁橱外面

这里的"死角"在另一侧的壁橱墙上就不是"死角"了，你完全可以使用这个空间。

由阿德里安·威尔逊拍摄

自己动手做的小贴士

首先要测量壁橱内部，保证你利用了所有的角落空间。然后按照测量出的尺寸小心地在墙上凿出一个洞（如果用成品抽屉组件，你只需要按照组件的大小凿洞）。

创造一种设计特色

假如墙壁抽屉的表面与周围的装饰线条、踢脚板和檐口协调统一，那么墙壁抽屉可以成为富有魅力的设计特色。如果在抽屉周围使用装饰线条，你就不用给墙面重新涂漆了。

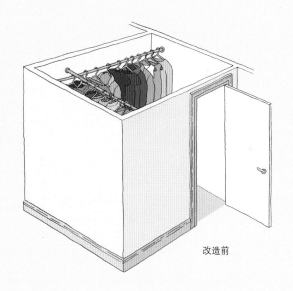

改造前

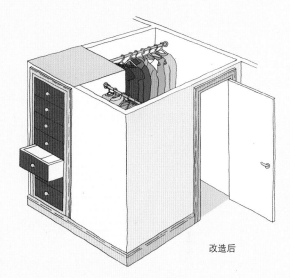

改造后

由亚历克斯·诺布尔绘制

我的故事

我的单间公寓里只有两个壁橱，一个小一些，一个大一些（至少在曼哈顿算是大的），大的有1.2米×1.5米。不过，那个大的壁橱不太实用，因为里面有相互交叉的挂杆，交叉的地方是一个"死角"。所以我雇了一个木匠在里面装了7个抽屉，非常好用。但是，为了分清楚7个抽屉里都装了什么，我不得不设计了一个区分的办法，那就是按照穿衣服的顺序放衣服：内衣在底层，头巾在顶层，中间层分别是袜子、上衣、毛衣和裤子。

地面空间：

不仅仅用来走路

把地面抬高一点儿

创造升起的地台不需要有很高的天花板。只需把地面抬高一点儿，就能提供储物空间、座位以及功能分隔区。

获得多用途空间

地台可以用来铺设空调管道、水管和电线。

添加特殊效果

即使是微小的地面高度变化，也会给一个普通的房间带来戏剧化的设计效果。

公寓住成小复式

制造分隔效果

地面的高度变化很不起眼，但又是很有效的分隔空间的方式，比如，把客厅空间和用餐空间分隔开。

装座椅

在地台的侧面装一个沙发或靠椅，是封闭地台、分隔空间的好方法。

创造储物空间

在沙发中间和沙发周围以及橱柜中设置储物空间，侧面装抽屉，顶部装盖子。

拉出一张床

你可以打造一张内置在地台中的床，床腿可以折叠塞入地台，床拉出来的时候放下床腿。你可以沿着床边设置存放毯子和枕头的储藏空间。

不同的地面装饰

不同的地面装饰可以界定不同的区域，你可以在硬地面（比如瓷砖）旁边设计地毯这样的软地面区域。

由罗伯塔·桑德伯格和亚历克斯·诺布尔绘制

58 用来储物的地台：
大件儿最好的去处

自己动手做的小贴士

首先你要用短柱和木梁把地台支撑起来，然后用胶合板制作箱体的侧边和翻盖。拉手要与地面齐平，这样你才不会被绊倒。

订购成品

一些供应商会提供带有储物箱的地台成品。

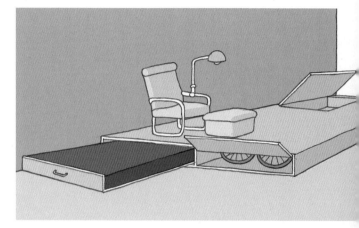

由亚历克斯·诺布尔绘制

我的故事

当我买下曼哈顿的单间公寓时，里面有一个空的地台。浪费这么多潜在的储物空间会让我很惭愧，所以我雇了一位杂工在地台里制作了一个储物箱。这个可翻盖储物箱里藏着旧幻灯片、CD、照片和笔记本。箱体表面覆盖着与整个公寓协调的地毯，这也使箱体隐藏了起来。

由阿德里安·威尔逊拍摄

由凯瑟琳·凯利为帕诺公司设计

地台里的抽屉：

凭空造出舒适座椅

制作深抽屉

三个台阶就能提供很多抽屉空间。

剩余的空间用作长椅

角落空间可以成为舒适
的座椅。

照片由 Kasita 提供

把浅抽屉放在底部

浅抽屉可以做你的第一个台阶，如果太高，可以在当中加一个小台阶。

在抽屉后面增加翻盖箱

浅抽屉为后部的地台箱体留出了空间。

最后添加带有弹簧门的橱柜

箱体后部带有弹簧门的搁架通往地台顶端。

由 Studioata 设计，由贝佩·贾尔迪诺拍摄

大号抽屉变成床：

为玩耍和工作腾出空间

清除杂乱的玩具仓库

如果不想让客厅里满是玩具，你可能会让孩子在他们的卧室里玩。但随着卧室空间越来越挤，孩子的玩具越来越多，他们的房间成了杂乱的玩具仓库，没有什么空间让他们玩耍或走动了。

创造神奇的床

对于一个没有玩具的客厅来说，建造一个地台似乎是很费力的工作。而且，假如你租房子住，你在搬出去的时候可能需要拆掉它。但是在10年左右的时间里，你的孩子逐渐长大，你带给孩子的是"神奇的床"，而这张床就在地板下面看不见的地方。

调整床垫的尺寸

床垫不必是标准尺寸的。按照孩子的身高，切一块102毫米厚的海绵橡胶。

调整床的尺寸

测量抽屉床尺寸的时候，在床垫上留出足够的高度，以便在床垫上绑上毯子和枕头。

使用轮锁

在抽屉床下方安装轮锁，以免孩子躺在床上的时候床滚入地台。

自己动手做

用木板制作地台框架，高度至少达到305毫米，上面覆盖胶合板或地板。尽量使用地板支撑物。在地台顶部和侧面用地毯覆盖。

增加玩具箱

利用床与床之间的空间制作翻盖式储物箱，用来存放玩具、娱乐用品、书和学习用品。在箱体上面的翻盖上安装内凹式隐形金属把手。

壁橱—书桌区域

利用地台的上方作为大孩子的壁橱兼书桌空间。在地台的边缘处安装一根木条，以免椅子从地台边缘滚下来。

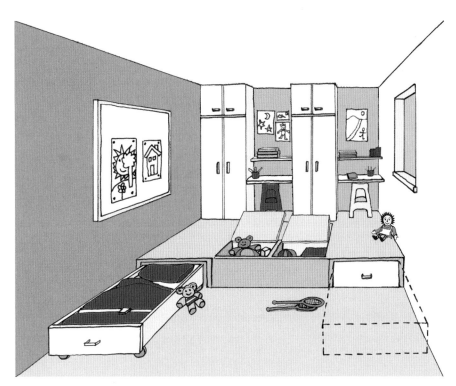

由罗伯塔·桑德伯格和亚历克斯·诺布尔绘制

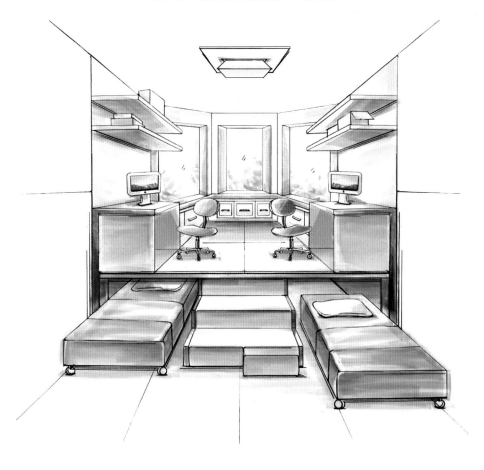

62 床底下的空间怎能放弃：

让床立体起来

获得床侧面的空间

位于架高的地台之上的床，不仅能让你在床下方打造一个完整的橱柜空间，也能让你在床的一侧放置书、杂志和水杯。

用标准组件自己组装

图中的案例是由宜家家居常备组件制作而成的。

照片出自克里斯托弗·海德　来源：HandyDadTV

床品放这儿刚刚好

利用床的侧面

把床单、枕套、被子和毯子存放在方便取用的地方。

照片由新加坡 Space Matters 提供

窗户空间：

不仅仅用来看风景

窗户从来都不是房间里的焦点，但它们仍是重要的房产。不要小看这些独特的明亮空间给你提供的机会。

营造空间变大了的假象

当你给房间增加了一扇窗户后，透过玻璃的自然光和外界的风景会让房间看起来变大了。

利用窗框的深度

窗框的深度，就是窗户的边沿到玻璃之间的距离，很容易放下一到两个搁板。很多人利用这里让植物照到阳光。不过，是否考虑在这里放一个碗架、晾衣架或是床头桌呢？

延伸室内的窗户

通过向房间内延伸窗户壁龛，有时仅仅多出几英寸，你就有了一把长椅、一张桌子，甚至是一张梳妆台。

扩展室外的窗户

添加一个飘窗，你就有地方放长靠椅、桌子、储物箱，甚至浴缸。假如室外有围栏，你还可以多一个阳台。

窗户里的碗架：

让阳光晒干碗碟

照片出自 Passive Herb Watering，邦尼·福琼，布雷特·布卢姆，哥本哈根，2011 年

装一个盘子架

把它装在水槽上方的窗户壁龛里。把湿盘子放在架子上，让它们在窗外阳光的照射下晾干。架子可以防止盘子之间互相碰撞。

用作瓷器柜

在窗框内安装几个餐具架，你就有了完整的瓷器柜，它们看上去很美观，也能让你的壁柜空出来存放其他物品。

我的故事

在我的南非茅草屋里，我在客厅的一角安装了一个迷你厨房。台面上方连搁板都放不下，没有地方装壁柜。但是水槽上方有一个又小又窄的窗户。我买了一个塑料的盘子架，刚好把它装在窗户壁龛里。我家不同大小的盘子都放进了这个架子，因此它成了我唯一的瓷器柜。我把盘子放在充满阳光的窗户前晾干，只有在准备下一顿饭时才拿出来用。

两用晾衣架：

收起后变身百叶窗

"百叶窗晾衣架"

该设计获得了 2011 年红点设计大奖。

从窗户上拉下来

晾衣架安装在窗框里，放下来完全打开后成为一个晾衣架。

变成百叶窗

收起后，这个装置就变成遮挡阳光的百叶窗。

节省存放空间

由于这个装置可以留在窗框里，所以它节省了原本需要留出来存放晾衣架的空间。

合法的晾衣区域

这也不会让你违反室外禁用晾衣线的规定，因为你的衣服都晾在室内，挂在从窗户向屋内伸出来的架子上。

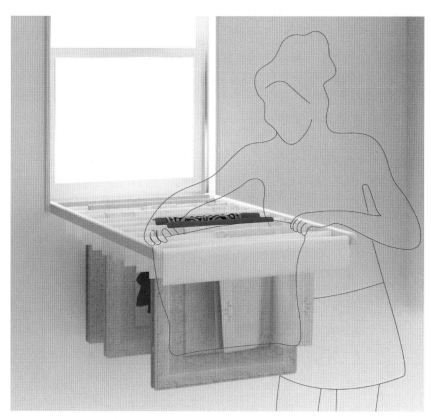

产品照片由金伯彬（音）和高敬恩提供

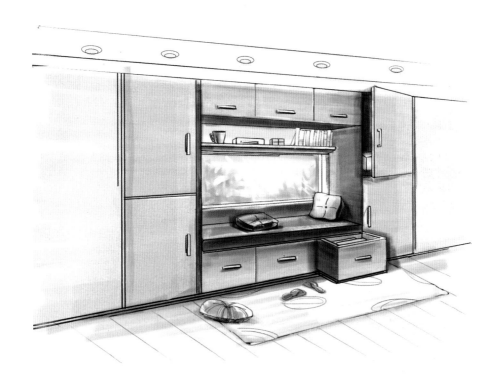

有壁橱和窗户的墙

适用于壁橱和窗户位于同一面墙的房间。

建造一个"储物箱"

这个灵感就是在窗户上方建造储物组件和搁板，在窗户下方打造抽屉，两边建造壁橱。

储物箱组成了"画框"

窗户周围形成的610毫米深的"画框"，成为窗户边沿的延伸，变成用来坐卧的墙壁长椅。

67 窗户变阳台：

多出来的户外空间

带有"绽放的窗框（Bloomframe）"折叠阳台的公寓房窗户

照片由 HofmanDujardin ｜ Bloomframe® 提供

带有窗户或阳台的公寓

位于阿姆斯特丹北部的这座运河公寓楼由HofmanDujardin的建筑设计师设计，这里的住户幸运地拥有可向外折叠变成阳台的窗户。

当天气变冷，无法享受室外空间时，他们会关上窗。当天气温暖后，他们可以用曲柄把窗户推出去，然后就有了沐浴阳光的地方。

安装一个可向外折叠的窗框

设计师们把他们的设计称为"绽放的窗框"。这种窗框可以向外折叠变成一个小型室外空间，比较坚固，可以承受一位成年人坐或站在上面。

圆一个都市梦

打开一扇窗，然后神奇地变出一个阳台是一个都市梦。多亏了阿姆斯特丹的这个建筑设计团队，这不再是一个梦。

这会成为城市的未来

假如大都市当地的建筑部门赞同这一充满智慧的创新设计，它将使全世界无数封闭起来的公寓多一个通往外界的阳台。

68 飘窗里的舒适小窝：

为小房间增加一分温暖

这是为小房间增加空间和光线的最佳方式之一。它不仅增加了房间的面积，还把房间变成了一个更为高雅和迷人的空间。

获得允许

如果你居住在多户住宅里，你必须取得建筑里的业主或董事会的允许。不要反感申请过程，这需要时间，但我最终得到允许，在我位于南非开普敦的公寓单元（每一套公寓归居住者所有，其他地方属于业主共有的公寓楼）里建造了4个飘窗。

假如你得不到允许

假如你不能向外扩展空间，你仍可以在房间内建造一个窗边座椅，使它看上去像个飘窗。座椅的最大深度不要超过356毫米，确保它不会占据太多空间。

窗户卷帘

使用可以从窗沿向上拉的那种窗户卷帘。这样你可以朝外看并且避免看到街对面的邻居。

座椅角

如果你的窗户座椅延伸到墙外，把座椅的角做成斜角或圆角，以免总是撞到它们。

购买成品

选择一个与你现有的窗户宽度近似的成品飘窗，这样你就不必再敲掉外墙。假如它比你现有的窗户小，可以用混凝土或水泥填满缝隙，并用与现有墙壁相协调的颜色和材料进行表面装饰。

或者自己建造

你可以定制一个飘窗，或者自己动手做。

我的故事

在我位于南非开普敦的公寓里，我将三间卧室和两间浴室设置在90平方米之内。主卧室只有3.048米×3.353米，大号床的一边有壁橱，但另一边已经放不下一把椅子或长椅了。幸运的是，我得到了该建筑董事会的允许，在建筑物之外增加了一个不是很突出的飘窗。下面的图片展示了令人欢喜的最终效果。

由威兰·格莱希拍摄

由哈米什·尼文拍摄

69 沐浴在自然光里的梳妆台：

再也不需要化妆灯了

ⓐ 在桌子高度上安装一块宽搁板

它只能微微比窗户壁龛凸出。云母材质的表面很容易清洁。

ⓑ 在下方安装一块搁板

如果窗户较低的话，这块搁板可以直接装在窗台上。这块搁板也可以用云母材质作为表面。

ⓒ 在上方安装玻璃搁板

这些搁板直接安装在梳妆台上方的窗框里，比下方的桌子要窄很多。

ⓓ 使用化妆放大镜

买一面带电池灯的化妆放大镜，这样你就不需要电源插座了。

ⓔ 加一个凳子

买一个带旋转底座和软垫座椅的凳子。只有当你在窗户壁龛里真正感到舒服时，你才准备好了享受这一切。

ⓕ 让你的化妆品保持整洁

所有东西都一览无余。你的化妆品都会一直放在玻璃搁板上的杯子和碗里，所以要格外保持整洁。

ⓖ 购买从下向上拉的窗户卷帘

一种堆积在窗户底部并可以向上拉起来的卷帘既能带来私密性，又能最大限度地提供自然光。理想状态是，你看到的是天空，而不是马路对面的楼房。

我的故事

我们在格林尼治村的公寓位于第五大道南边一座美丽而古老的建筑的一楼。它很小，只有74平方米，是从一间大公寓里分离出来的，但它有6扇几乎落到地面的巨大拱形窗。其中一扇朝西面向第五大道，其余五扇朝南面向东十一大街。有一扇大窗户在浴室里显得有一点不协调，于是这扇窗成了我的梳妆台，宽纵我的丈夫利用壁龛的深度为我精心打造了一个可爱空间。一块印有夸张花朵图案的布将梳妆台与浴室其他空间分隔开。这处充满阳光的美好空间成为我坐下来展开幻想的私人场所。

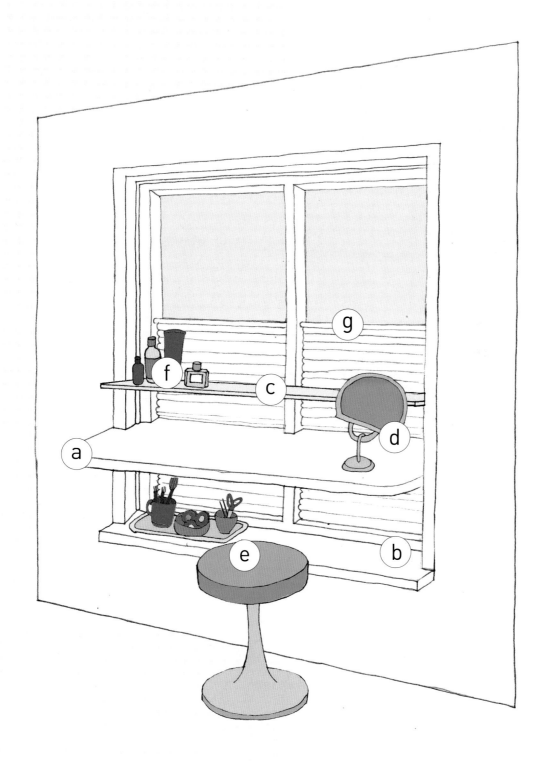

由亚历克斯·诺布尔绘制

70 窗边的床头桌：

没地儿搁床头柜时的选择

适合小卧室

如果房间小到只能把床紧贴窗沿放置，没有空间放下边桌，就适合运用这个灵感。

注意合适的高度

要确保你不用下床就能拿到你的书并且关掉阅读灯，但桌子也不能太低，否则会影响毯子和被子的放置。

注意合适的长度

桌子不要太长，以免无法在窗户一侧铺床。

自己动手做的小贴士

按照窗沿的宽度切割出一块搁板，再切出两块用作垂直支撑。把三块搁板黏合在一起，随心所欲地刷上着色油漆。用小角钢把一块支撑搁板固定在窗框上，把另一块固定在窗台上。

把墙推出去获得工作空间

从室外借空间

当你需要一个大的工作空间，而室内已经没有
空间的时候，可以考虑利用飘窗把墙向外推，
从外面借空间。

我的故事

在我位于南非开普敦的新公寓里，第二间卧室甚至算不上卧室。它是客厅的延伸部分，用障子分隔（请见第三章）。这个空间的大小约为2.7米×3米。里面有一张大号床，一个壁橱，别的什么也放不下了。当我最终获准向外推墙并在公寓里安装飘窗后，我在这个额外空间里打造了一张书桌，于是我的床边出现了一个美好而且光线充足的工作场所。

由哈米什·尼文拍摄

看得见风景的浴缸：
在延伸的空间里享受按摩浴

使用向外折叠的窗户

下图这种可向外打开的窗户让你的浴室保持开放的状态，面向室外的花园。

或者一扇飘窗

在右页的案例里，可以从一扇边窗看到大海。

我的故事

我在南非的时候试着碰碰运气，向公寓单元董事会申请在浴室里建造一扇飘窗。3年后，我得到允许，却只能向外扩展一个很窄的空间，只够在窗户里放一个浴缸。我加了天窗，即使为了隐私使用了磨砂玻璃，这里还是光线充足。额外的收获是打开一扇边窗后能够看到大海。虽然这个浴缸与我在格林尼治村老房子里的梳妆台相隔半个地球的距离，但它再一次让我在一个窗框里展开幻想。

照片由 Nana Wall Systems 提供

由哈米什・尼文拍摄

9

天花板空间：

不仅仅只是房间的顶

向上看

大多数人从不向上看。把头向后仰，看看上面什么样。不要在扩展居住空间的战斗中忽视了天花板。

把天花板当作"第五面墙"使用

把天花板当作"第五面墙"，这是你争取更多空间的最后阵地。它可以用，但是很少被用到。你只需改变一下使用天花板的观念。

利用天花板来清除地面物品

问问自己还有哪些占地方的东西是不能支撑在天花板上甚至吊在天花板上的。有限的地面空间用处很多，不要让它被四散各处的各种家具腿占据了。而且这样一来地面吸尘和清扫都容易多了。

用天花板吸引人的注意

把你的天花板想象成一张空白画布，用各种吸引眼球的效果填满它，比如多层吊顶、一幅画、炫目的灯光或者雕刻效果。你家的访客会被头顶的效果深深吸引，根本不会注意你的公寓有多小。

73 让自行车上天：

低碳环保又省地儿

花费不多又方便

随着骑山地自行车逐渐成为风尚，如何在小公寓里找到放自行车的地方也成了一个问题。至少对于重量低于23千克的自行车而言，答案是吊在天花板上。这些装置在很多大众化的零售店里均有售。

在公寓里安装滑轮

首先你要找到支撑梁，这意味着你可能要敲开甚至加固天花板。

当心低矮的头顶空间

对于高个子来说，这也许不是最佳解决方案（请见第六章）。

照片由安伊艾（REI）提供

使用轻质的摇篮床

这也许不是你为新生儿想到的第一选择，不过，假如你的地面已经挤满了橱柜、箱子和成堆的婴儿衣物，天花板会是悬挂轻质摇篮床的最佳地点。

自己动手做

只需把一个钩子和一些绳子装配起来，并装上一个有织物衬里的篮子或摇篮床。婴儿的重量很轻，所以你不是非要把摇篮床安全固定在结构梁上。

或者买现成品

比如下图这种有吸引力的悬摇篮。

产品照片由 Hussh-cradles 提供

75 吊起来的婴儿车：

还你清爽过道

童车可以折叠并挂在墙上，但是婴儿车非常笨重，对于小空间来说依然是一个挑战。

找到支撑物

如果住在公寓里，你要请杂工在你家天花板上找到结构梁，用来支撑滑轮或升降系统。

尝试使用自行车吊升装置

市场上用于吊升自行车的滑轮系统也适用于一些婴儿车。你需要一个吊钩和一个滑轮钩，加上普通的螺钉、垫圈和螺帽。

或者使用平台吊升

对于过道来说，一个约0.9米×0.9米的平台吊升装置也许比自行车吊升装置更好。先把婴儿车推到平台上，然后整个平台就能一下子升上去。

检查你的头顶空间

假如你很高或者你家天花板很低，那么这个方法就不适合你。

让地面干干净净

滑轮上挂篮子

在运用这个机智的小空间灵感时，你可以使用吊升装置把玩具拉到天花板上，再拉下来。

自己动手做

你需要的就是几个篮子（或者桶），一些轻质滑轮和装在墙上的把手。

带给孩子的乐趣

孩子们会很喜欢拉起和放下篮子，这也会成为他们整理玩具的一个有趣的练习。

77 灵活的升降桌面：

移开桌椅开派对

用于派对、会议或教室

总有某一时刻，我们希望拥有一间空房子，地面上什么都没有，可以开派对，开俱乐部会议，让孩子们玩游戏，甚至上一堂瑜伽课。

试着把你的餐桌吊升到天花板上，把椅子挂在墙上（请见第六章）。然后，打开音乐跳舞吧！

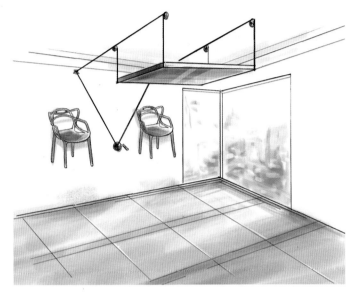

下班后让办公桌上天吧

晚上 6 点，办公桌自动抬升

为了让员工在下班时间到来时停止工作，一个位于阿姆斯特丹的建筑设计办公室想了一个方法。所有的办公桌都连接在一个定时的滑轮系统上。一到晚上6点，这些桌子就会被自动吊升到天花板上，早上它们会再次降下来。

或者把手提电脑吊在床的上方

很多人喜欢在床上使用手提电脑工作。有人装配了一个滑轮让书桌在床的上方自由升降。结束工作后，他只需关上手提电脑，把桌子升上去（请见右下图）。

照片由马特·西尔弗提供

挪走最占空间的床：

至少多出 3 平方米

摆脱你的床

你家地面空间虽然有限，但有很多别的用处。

自己动手做

这个方案适合手巧的人，不使用床的时候，可
以利用眼型钩、方头螺钉、滑轮、绳子或布条
把床吊起来。

成品

市面上有很多天花板吊升床。

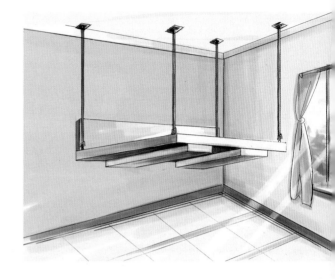

照片由 Escape Loggia 提供

浪漫吊椅 / 沙发：**80**
再也不用扫它们底下了

吊篮椅

市面上有很多式样的吊篮椅。除了让地面保持
干净，它们也给房间带来了休闲惬意的感觉，
你甚至可以坐在上面转圈圈。

由 Sestini & Corti 设计

为了干净

沙发底下都会堆积大量灰尘。所以你也许更希望沙发底下的地方干干净净。它可以像门廊沙发椅一样摇摆，也可以静止不动，由你决定。

为了特殊场合

有一些场合需要你把家具都移开，比如家庭婚礼或成人礼。你可以把家具都吊到天花板上，而不是找搬家卡车来。

照片由 Paola Lenti 提供

增添戏剧化效果

如果你想把你家的"第五面墙"使用到极致，可以考虑创造巨大的雕塑感，这种戏剧化冲击力会让人忽视你的公寓有多么小。

自己动手做的小贴士

首先在天花板上安装电灯，在灯的周围贴上深色的墙纸，然后在石膏板上画出抽象设计图案，并把它切下来。把你的图案举到天花板上，放在不同的位置上看看，直到找到最合适的位置。最后，用钉子、胶水把它固定到天花板上，覆盖住一部分墙纸，接着刷油漆。即使不完美，它看上去也很有视觉冲击力，会引来访客的齐声赞叹。

照片由扎哈·哈迪德建筑师事务所和 ZM-PR 提供

82 点亮吊顶灯：

给家一些氛围

使用嵌顶灯

使用嵌顶灯的天花板设计会呈现不错的整体效果。

增加雕塑效果

石膏天花板的高度变化能够突出你家的灯光设计。

增加隐藏的荧光灯

位于吊顶上方的灯光也将增加迷人的效果。

室内装饰来自 Sager & Associates，由威兰·格莱希拍摄

给眼睛一些高度上的错觉

一部分较低的天花板

这会在无窗的空间上方创造一种舒适的效果，如果天花板上方安装了荧光灯，效果会更明显。

抬高其他部分的天花板

这会营造一种戏剧化的高度变化，特别是在窗户旁边。

> **我的故事**
>
> 我在开普敦改造的公寓客厅里，天花板被设计出两个不同的高度：客厅当中是带有荧光嵌顶灯的低矮部分，窗户旁边是较高的部分。这个简单的技巧为整个客厅带来强烈的视觉冲击。

室内装饰来自 Sager & Associates，由威兰·格莱希拍摄

10

闲置空间：

等待你的发现

未被利用的资源

你可能不知道你家里有多少未被利用的空间。想想那些闲置的角落，炉灶上方或坐便器上方的空间，甚至一些家具背后的空间，这些空间都可以用来增加收纳和实用性。是时候重新审视你家，寻找闲置或未被充分利用的空间了。

寻找剩余的空间

— 桌子上方　　— 床下房

— 走廊上方　　— 桌子下方

— 门上方　　　— 凸出物下方

— 窗户上方　　— 桌子后方

— 楼梯下方　　— 门后方

寻找未被充分利用的空间

— 橱柜侧面

— 橱柜门里面

让空间为你努力工作

记住，空间就是金钱。让你的空间为你尽力地工作，你得到的金钱会更多。

成功的结合

把你需要的东西整合在闲置的或未被充分利用的空间里：书架、床、五斗橱甚至浴室。

84 门廊上方的床：

利用谁都不会注意的空间

隐藏在视野中

这也许是你的房子或公寓里最不引人注意的空间。人们走进大门，还没注意这个空间就已经穿过了入口处。没人会特意往上看。这里最适合放一张床，因为它能隐蔽起来。

你可能需要增加净空高度

想能在床上坐起来，你需要至少1 219毫米的高度，而你的空间可能连这个高度都达不到。但是你瞧，那只是个睡觉的地方。如果你年轻、健壮，觉得一个人住太刺激了，那就更不是问题了。

ⓐ 降低门廊天花板高度

在大多数建筑规范中，门廊都不符合居住空间标准，因此你可以把门廊天花板降低到2米的高度。

ⓑ 在下方设置壁橱

如果想降低你的睡眠区域高度，你可以把床放在1.5米或1.8米高的壁橱上方。

自己动手做也很容易

入口门厅并不宽敞，所以不需要复杂的结构。一个普通的杂工就可以在墙上搭起柱子和梁，制作平台支架和地板托梁，加上胶合板地板和一个易于攀爬的梯子。

别忘了栏杆

即使你打算自己睡在上面，也要确保安全。你可能会从床上滚下来，或者从梦里醒来时忘了自己在哪儿。

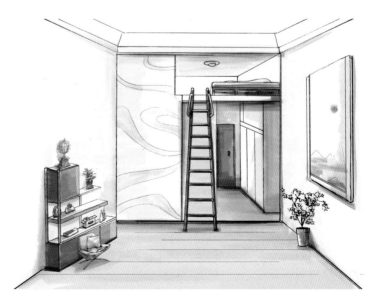

我的故事

当我住在位于比勒陀利亚与约翰内斯堡之间一个约44 515平方米的乡村庄园里时，我把原来的储藏室、车库、马厩和用人房改成了出租屋。我用倾斜度很高的茅草屋顶换掉了原来的波纹状金属屋顶，以便我把睡眠阁楼设计在浴室、迷你厨房和卧室上方。我总认为我的小屋是"茅草屋顶下的苏荷区阁楼公寓"。当我在约翰内斯堡开启电脑设计事业后，我会在周末为经销商提供免费培训。培训课程地点就位于我在乡村的庄园里。我还提供了一个额外福利，让这些经销商在拥有睡眠阁楼的小屋里过夜。有一位来自纳米比亚温得和克的经销商睡在一个没有装栏杆的阁楼上。半夜里他突然起床，不知道自己在哪里，从阁楼上掉了下来。幸运的是他的脖子没摔断，也没起诉我。

卫生间极致收纳：
利用坐便器旁的那点地儿

不用再身体前倾靠在洗脸池上了

坐便器已经给你提供了坐的地方，所以你不用再身体前倾靠在洗脸池上使用镜子了。

不用再收拾物品了

把你的物品放在搁架上，包括平常放在药柜里的面霜。这样，你就不必每天都把化妆包（或剃须工具包）里的物品拿出来放在台面上了。

让日常生活变成乐趣

这不仅仅意味着你找到了一个地方化妆，而且让日常生活更有乐趣，可以如你所愿地排列和放置所有物品。

寻找突出的部分

洗脸池台面有时会有一小块凸出的部分。在下方装一个窄窄的架子，以获得额外的空间。图片上展示的这个坐便器旁边的置物架成了我的梳妆台。

购买现成品

寻找一个能放进洗脸池下方的金属搁架单元成品（通常需要762毫米高）。

由阿德里安·威尔逊拍摄

我的故事

这个梳妆台兼洗脸池，位于我在曼哈顿的单间公寓。我厌倦了每天身体前倾地靠在洗脸池上，照着药柜上的镜子化妆。我发现坐便器旁边的台面凸出部分可以利用，于是找到了一个正好能放在下面的置物架，其余的都已成为历史。现在，每当我使用这个原本闲置，现在却几乎每天必用的空间时，我的脸上就会浮现灿烂的笑容。

ⓐ 化妆放大镜

买一面内置电池灯的化妆放大镜。可见第八章。

ⓑ 侧坐在坐便器上

把马桶圈放下来，侧坐在上面。买一个厚实的坐便器座套。

由罗伯塔·桑德伯格设计，亚历克斯·诺布尔绘制

86 浴缸旁的储物空间：

利用缸体的流线造型

很多被浪费的空间

这个闲置的空间可以装下你的洗发水、护发素、洗澡巾、浴刷、浴盐、沐浴凝胶、泡沫浴液、护肤霜、剃刀甚至蜡烛。假如有空间，你还可以把浴室清洁物品放进去。

等一个生产商

在一个颇具智慧的浴室装置公司开始售卖这种浴缸之前，你需要的是一个能为你制作这种浴缸的人。

楼梯下方值得考虑

把闲置空间利用到极致

你可以很容易地装上壁挂式小水池和坐便器。

查看当地市政府的要求

你必须为厕所的排水提供通风孔和足够的坡度。为了达到这些要求，你可能要在门口加一

个台阶（更多实用小贴士，请见第一章）。

因地制宜

如果你家不是平房或没有条件把卫生间装在这里，那么这个案例也可以作为小空间卫生间的参考。

像哈利·波特一样

你需要的书桌空间

只要把书桌搬到楼梯下方，你就会发现一个舒适的工作场所。

把自己隐蔽起来

在这里，你真的能专心做事，尤其是没人知道你藏在哪儿的时候。

添加灯光和搁板

也许你可以使用L形工作台面，还需要一盏台灯和几块桌面上方的搁板。

楼梯下的空间简直白送

拆下单开门

楼梯下方带有单开门的壁橱总是会变成一个杂物箱，里面装着破损的家具和陈旧的运动装备。当"眼不见"演变为"心不烦"，它就会成为一个杂乱不堪的空间，你在里面什么都找不到。

安装折叠门

有了定制的折叠门，这里会变成你梦想的壁橱，所有物品一览无余，井井有条，每一件东西都方便拿取。

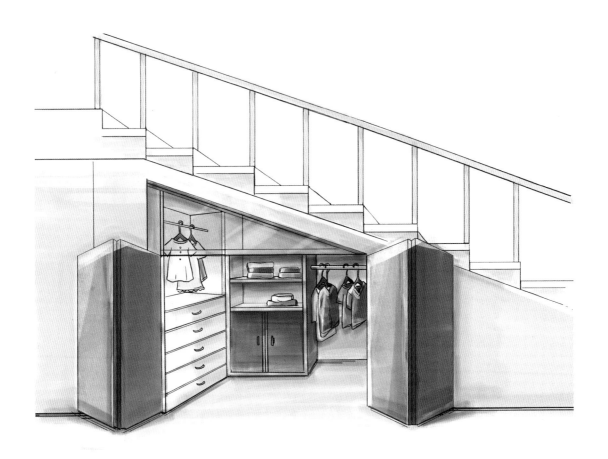

90 楼梯下方的储物箱：

定制尺寸，完美契合

测量并制作

试着把这些尴尬的空间全部利用起来，用可以打开门或拉出来的容器填满这些空间。你可能需要寻找一位木匠或杂工把储物箱分毫不差地装进这些空间。

由亚历克斯·诺布尔绘制

台阶里的抽屉：

获得额外的五斗橱

把台阶当作五斗橱使用，这是一个很简单也很显而易见的小空间灵感，
当你第一次看到它的时候，你会对自己说："为什么我以前没想到？"

如果你正在建造房子或重新装修

把这个细节写入楼梯的建造计划，这会比以后
再改动要便宜得多。

如果你使用已有的楼梯

每当你需要增加一个储物空间并且付得起费用
的时候，你就可以改动一级台阶。一位聪明的
杂工可以轻松地完成这一改动。

92 橱柜下的抽屉:

重新利用"落灰地"

适合底部有空间的橱柜

购买抽屉滑道,找位杂工把它安装在橱柜底部。可能需要使用环氧树脂来固定。然后请杂工制作一个抽屉放进去。

适合存放你的"扁平"物品

托盘、切菜板、烤盘将会在橱柜下方找到合适的安身之所。

这块空间一定不能错过

解决房间的杂乱

在儿童房里，床下的抽屉是非常实用的玩具箱。你可以自己给这些抽屉涂上油漆，这样一来，在保持房间整洁的同时，你还能教孩子们认识颜色和字母。

水平放置的壁橱

把床下的空间想象成一个大型的壁橱，只不过是水平放置的。这个空间很大，浪费任何一个角落都是罪过。气压式或弹簧式箱体床可以让你最大限度地利用这个储物空间。

由 Baxton Studio 提供

我的故事

当我和丈夫决定带着4岁的女儿开露营车环游欧洲时，我们把很深的硬纸板文件抽屉（请见第一章）安装在我们自己设计的滑动床的下方。这些抽屉装了各种各样的东西——鞋子、内衣、牛仔裤、衬衫、睡衣、毛巾。事实上，我们旅途中带的所有东西都装在里面。有时我们会找到自助洗衣店，把抽屉里的东西都拿出来（加上窗帘、床单和毯子），塞到一排洗衣机里，穿着短裤等待所有东西被清洗干净，然后再把它们都放回去。我们的旅行持续了近两年，直到女儿到了入学年龄。当你不必为拥有很多财产而担忧时，这感觉很棒。我们觉得我们意外发现了一种出奇简单、实惠又极其快乐的生活方式！

装镜子的空间：

小户型的最佳伙伴

改变你的"镜子思维"

人们通常不想使用镜子让小房子看上去更大，因为他们认为装了镜子的墙面很俗气。错了？当然。卧室天花板上的镜子是很俗气，装饰了叶子的金色镜框也很老套，但是装了镜子的墙面能迅速让空间变大。

让房间看起来更大

小房间里的一面大镜子可以让房间的面积看起来扩大两倍、三倍甚至四倍。

改变一个空间的感觉

通过为房间增加镜面反射效果，你可以改变这个房间，让它变得更有趣。

点亮一个房间

只要镜子反射了窗户或灯光，就会使房间看上去更明亮。

欺骗眼睛

谁决定什么是真实的，什么是虚假的？你通常辨别不了。实际上，你很难不相信自己的眼睛所看到的东西。

使一切成双

映照出沙发背后的墙面

这是扩大空间的好办法。

a 沙发看上去有两个那么长。

b 一盏台灯变成两盏。

c 一幅装饰画变成两幅。

使房间变大

窗户或玻璃墙侧面的镜子，会使房间看上去
更宽。

增加光亮

窗户侧面有了镜子之后，窗外的光线会照进你
的房间。

反射风景

给窗户上方的天花板镶板装上镜子后，它不仅
会让房间看起来更亮，也会反射屋外的风景。

由阿德里安·威尔逊拍摄

96 映照风景:

在屋内看到屋外

并非看上去的那样

在下图中,你必须摸摸墙壁才知道你看到的是什么。这只是一面空墙壁,反射出阳台的风景,另一面墙反射的是桌子另一侧的壁炉。

ⓐ 阳台幻影

你看到的是一面空墙壁,它反射出只有从摄影师所在的角度才能看到的风景。

ⓑ 壁炉幻影

你看到的是桌子旁边的一面空墙壁,房间里只有一张桌子和一个壁炉。

ⓒ 床的幻影

装有镜子的隔板组成了床的隔断,因此你在床的任何一侧都能看到窗外的风景。

由阿德里安·威尔逊拍摄

198 | 小家的110种改造法:不浪费1m³ 的空间升级指南

我的故事

我的曼哈顿单间公寓面积只不到50平方米，但它面对着超过3.4平方千米的公园——中央公园。我希望在公寓里的任何一个地方都能看到公园的景色，因此在靠近窗户的天花板和侧墙上装了镜子，将景色扩展到了房间上方和外面。我还在对面墙上装了镜子，以便看到反射的景色。在隔板背面，包括墨菲床内的隔断上也装了镜子，以便打开的时候这些镜子可以反射出对面镜子反射的景色。工程量很大，镜子很多，但现在我不管往哪儿看都能看见中央公园的景色了。

97 映照浴缸：

打造奢华的水疗池

让你的浴室与众不同

即使是最小的、最不起眼的浴室，安装落地镜子之后也会立刻变得极为奢华。

使小细节加倍

一个特别的浴室配件，一个壁龛置物格，一个花盆，这些东西因为镜子而出现两次，就会变得更引人注目。

由 Sofia Joelsson Design Studio 设计

使整个房间焕然一新

使天花板更高

客厅天花板装了镜子后，客人们一定会说你家天花板有6米那么高。

增加错觉

人们会搞不清楚他们在头顶上方看到的景象。

齐声赞叹"哇哦"

人们只要看到头顶上方映照出的景象，就一定会有这种反应。如果像下图那样给一整面墙安装落地镜子的话，人们的反应会更强烈。

照片由巴塞罗那文华东方酒店提供

多用途家具：

一个顶两个

享受空间

有了"二合一"家具，你的生活空间就会增加一倍。

享受选择

随着生活空间的缩小，对多功能家具的需求很大，选择也更多。

享受发现

和我分享发现一个节省空间的巧妙灵感时的乐趣。

紧跟潮流

当你准备买新家具时，看看市场上有哪些正在销售的多用途家具。

了解变化

你会发现这一章所展示的一些家具已经买不到了。

99 沙发变成双层床：

朋友留宿有地儿了

下图这个设计巧妙的沙发可以向上、向外拉，变成上下两张床，还内置一把梯子。

给孩子用特别棒，对成年人来说也不算太简陋

两张"铺位"都是成年人尺寸的床铺大小，因此成年人也可以使用。可以想想阿尔弗雷德·希区柯克的电影《西北偏北》里加里·格兰特和爱娃·玛丽·森特在火车上的情景。

由阿德里安·威尔逊拍摄

我的故事　当我女儿玛戈和她的新婚丈夫马丁搬进曼哈顿的单间公寓后，他们要为从法国来玩的马丁的两个女儿安排住宿。玛戈赶到位于第三大道上的家具店订购了这张设计巧妙的沙发。但当时已经来不及从意大利运送一张新的沙发了，所以她买下了展示厅里的样品。从那之后，每次女孩儿们来纽约玩，这个可以隐身的双层床都给她们留下了很多快乐的回忆。

谁会想到一张不大的沙发能拉开来变成一张供 6 个人使用的桌子呢？

以下是使用方法：

1. 把沙发靠背放倒。

2. 拉出 6 块靠垫。

3. 把折叠桌腿向下拉出。

4. 把折叠桌拉出来。

这个家具设计是最巧妙的节省空间的设计之一，来自一个乌克兰、波兰联合设计工作室 —— Konenkoid。

照片由 Kononenko ID 工作室的
茱莉娅·科诺年科拍摄

101 橱柜变成桌子：

来客人时拉出来用

为客人而准备

你可以快速拉开这张来自Stakmore家具公司的桌子，而不必把折叠桌板存放在壁橱里了。

储物用途

不作为桌子使用时，这个橱柜可以存放盘子、刀叉和餐具垫。

照片由 Stakmore 家具公司提供

白天家里很清爽

不安装在高墙上的墨菲床

一些聪明的产品制造商已经想到如何把墨菲床装进一个设计精巧的低矮橱柜里（如图所示）。

橱柜前面没有其他家具

比起沙发床或墙壁床，当你从橱柜里拉出一张床的时候，你需要移走的东西会少很多，因为你通常不会在橱柜前放别的家具。

与你的家具风格保持协调

你可以让橱柜的风格与房间的装修风格保持统一。

照片由 Arason Enterprises 提供

103 桌子变成床：

超实用的一体化家具

这是来自 *resourcefurniture.com* 的一个巧妙设计。当你把书桌调整到正常高度时，床就被推起来；当你把床放下时，书桌就会藏在床底下。

在小卧室里使用它

拥有一件既能当床又能当书桌的家具会让你的小房间看起来更大、更吸引人。

当你有室友时使用它

如果你和别人共用一间公寓，这个创意就很有用，尤其当你只能使用房间的一部分（或一间凹室）的时候。

把它作为最低成本的生活方式

有了这个好办法，只用一件家具就能在小空间里实现白天与夜晚的活动功能。即便想要小憩一下，你也不需要收拾桌面。

由 Clei/Resource Furniture 提供

为宴会做好准备

在感恩节，有了这个出自日本设计师手岛信洋之手的巧妙设计，你就能举办一场全家人的宴会了。你可以把带轮子的橱柜推到任何有需要的地方，再从橱柜里拉出折叠桌子。

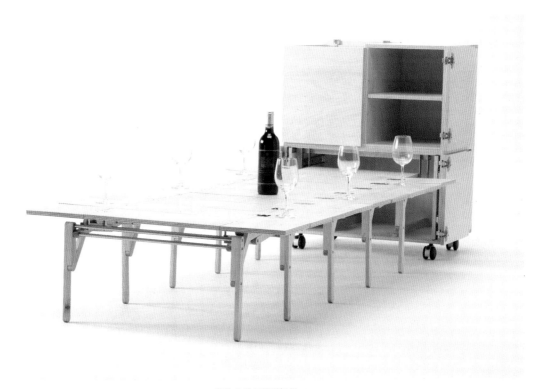

照片由手岛信洋提供

不用再多买一件家具了

在一间小公寓里，过去你得在餐桌和咖啡桌之间选择其一。有了这个来
自 *resourcefurniture.com* 的巧妙设计，你不再需要做这种选择了。
你可以把一张桌子拉起来变成餐桌，向
下推变成咖啡桌。

独自用餐时使用它

用咖啡桌就可以准备好吃饭的一切。

有伙伴来时使用它

加几把椅子，把桌子拉起来做餐桌。

产品照片由 resourcefurniture.com 提供

都市单身人士的理想生活方式：

- 订外卖；

- 坐在沙发上，在咖啡桌上吃饭；

- 清理桌面，把书桌拉起来；

- 拿出手提电脑；

- 开始工作，直到你在沙发上睡着。

照片由 Hayneedle Inc 提供

107 咖啡桌变成椅子：

不用时一点不占地儿

吃点心或喝饮料时使用它

无论是两人品茗还是四人对饮，这都是在小空
间里招待客人的好方法。

书还能这么用

出现在 MoMA（纽约现代艺术博物馆）目录里的这个奇妙设计叫作"凳子书"，是一个可以折叠成一本书的硬纸板凳子。

适合给超出预期数量的客人用

需要在一间小公寓里让超出你预期数量的客人就座？只需从书架上拿出几本书，你的问题就解决了！

照片由 Bookniture 提供

停车办公两不误

在小公寓里，自行车占据了很多空间，因此，我一般会建议把它挂在墙上，吊升到天花板上，或者把它塞到地台下面。不过，要是它能变出一张桌子呢？

利用它学习

也许在运动中，你会获得最好的灵感。

利用它锻炼

有了它，你在书桌上做事的时候也能有机会锻炼。

购买成品

这个聪明的设计叫作"停车桌"。

照片由 Store Muu 提供

拉出厨房的桌椅

城市里，拥有"可以用餐的厨房"的公寓越来越少。如今，一般的公寓厨房只有一个或两个操作台，没有空间放置桌子。BOX15（英国家具品牌）的这个巧妙设计提供了解决方案。

单操作台厨房

这个灵感最适合带有单操作台的厨房，只要拉出桌子和凳子，然后就可以坐下来。

双操作台厨房

这个灵感在带有双操作台的厨房里运用会有一点困难。拉出来的桌子作为额外的操作台空间是很实用的，但是坐下小憩的话，凳子也许会挡住通道。

穿透的厨房

在这种情况下，东西是从厨房墙壁的另一边拉出来的。隐藏在厨房柜子里的桌子和凳子穿墙而过是有点复杂，但比坐在酒吧凳上休息、在厨房台面旁吃饭要舒服得多！

照片由 BOX15 提供，产品：T 形桌与 T 形凳

给读者的话

亲爱的读者，当你们看到这一页的时候，面对我给出的增加家里空间的各种选择和机会，你们也许会不知所措，但我真心希望你们至少可以将其中的几个灵感落到实处。

最重要的是，你们不能忘记做这些选择的初衷：拥有一个你真的愿意居住的家。合并、压缩，让你的家尽可能舒适、利用率尽可能高，这一点毫无疑问。但是请记住，留一些开放的空间，让自己能够在里面活动或者只是为了方便观赏，因为过于紧凑的空间会让你感到压抑。

在一艘船上，每样东西都摆放很紧凑，显然也没有多余的空间。但是乘船的人可以走到甲板上，看着周围广阔的天空和大海。一定要保证你家里有一些空间可以让你坐下来，看看景色，甚至跳舞！

假如你有任何关于居住空间的问题，可以到我的网站上的问答区留言：www.smallspacearchitect.com。你可能会过一段时间收到我的回复，但是我一定会尽力认真回复每一位在问答区填表留言的人。

罗伯塔·桑德伯格

小空间建筑设计师

致 谢

感谢我过世的丈夫约翰，是他教会我有关小空间生活的设计，那时我们重新装修了位于格林尼治村的小公寓。装修后，厨房里出现了一间建筑设计工作室，壁橱里出现了一个属于小宝贝的空间。当我们共同打造露营车"美人黛西"时，我又从他身上得到了很多灵感：一辆亮橙色大众牌厢式货车，车尾处放置了折叠厨房，一排座椅可以拉出来变成双人床。我真希望他没有那么早离世，好与我分享其他的小空间改造经历。

感谢我聪颖的女儿玛戈，没有她，就不会有这本书；没有她，我也许还在把我的小空间灵感记在笔记本上，偶尔写写相关的专栏文章。她不仅鼓励我写书，还成了我的编辑、代理人和生活顾问。